LOCUS

LOCUS

LOCUS

LOCUS

Smile, please

smile 172
做自己的工作設計師：
史丹佛經典生涯規畫課——「做自己的生命設計師」【職場實戰篇】
作者：比爾‧柏內特（Bill Burnett）、戴夫‧埃文斯（Dave Evans）
譯者：許恬寧
責任編輯：潘乃慧
封面設計：廖韡
校對：聞若婷
出版者：大塊文化出版股份有限公司
台北市105022南京東路四段25號11樓
www.locuspublishing.com
讀者服務專線：0800-006689
TEL：(02)87123898　FAX：(02)87123897
郵撥帳號：18955675　戶名：大塊文化出版股份有限公司
法律顧問：董安丹律師、顧慕堯律師
版權所有　翻印必究

總經銷：大和書報圖書股份有限公司
地址：新北市新莊區五工五路2號
TEL：(02) 89902588　FAX：(02) 22901658
初版一刷：2021年5月

定價：新台幣380元
Printed in Taiwan

史丹佛經典生涯規畫課————「做自己的生命設計師」職場實戰篇

做自己的
工作設計師

Designing Your Work Life:
How to Thrive and Change and Find
Happiness at Work

Bill Burnett & Dave Evans
比爾‧柏內特　戴夫‧埃文斯————著

許恬寧————譯

本書獻給每天起床穿好衣服工作的人，感謝你們做的一切，
但願本書能協助你們找到辦法，讓工作多一點目的、意義和喜悅。
這是你們應得的。

本書獻給我最優秀的孩子艾莉莎（Eliza）、
凱西（Casey）、班（Ben）。
看見你們開始設計自己的成人生活，我感到非常喜悅。
——比爾·柏內特（Bill Burnett）

本書獻給戴夫（Dave）&金（Kim）、
羅比（Robbie）&克麗西（Chrissy）、麗莎（Lisa）&東尼
（Donny）、蓋伯（Gabe）&妮可（Nichole），
以及羅希（Rosie）。
我最重要的第一個生命設計目標是當爸爸。
我無限感激你們滿足我心底最深處的渴望。
加入你們與你們孩子的生命之舞，帶給我最大的喜悅。
——戴夫·埃文斯（Dave Evans）

目次

前言　工作窮則變，變則通

我們寫了一本書。

不是這本，是另外一本。或許你讀過，或許沒有。我們在那本書教大家用設計思考來設計人生，向許多人示範如何起身離開沙發[1]，打造原型，思考不同版本的人生與職業生涯。我們依據那本書開設工作坊，也有成千上萬的讀者跑來找我們，或者寫信告訴我們，他們的人生因此變得更美好。他們與我們分享自己的故事，於是每個人的故事如今也成為我們的故事。許多人讀了《做自己的生命設計師》（*Designing Your Life*），覺得很受用，因為他們恰巧碰上變動期，進人生的轉捩點，需要協助，不知該如何選擇下一步──究竟該朝哪個方向前進，到底該做什麼比較好，有時還會思考想當什麼樣的人。大家努力**想像**出不同的未來，想辦法實現尚未實踐的夢想。

上一本書談想像。

這本書要讓事情成真。

大家也告訴我們，上一本書談的「奧德賽計畫」[2]，確實是很

好的概念，但他們不太可能真的拋下一切，跑去碧海藍天的比米尼（Bimini）小島，當起潛水教練，因為你知道，什麼保險、房貸、水電費啦，家裡的孩子還在念書呢。

那些人問，有沒有別本書可以參考。

他們希望有本書能談論他們目前的人生階段，提供一些工具與點子，讓他們在工作上發光發熱。

你也曉得，今日的職場瞬息萬變，市場變幻莫測。企業為求跟上，愈趨靈活，求變的速度加快，職場益發難以預測。外在環境不斷在變，愈來愈得靠工作者自行定義快樂與成功。也得有聰明的管理者和公司配合員工的需求，提供資源（例如本書），協助創造出文化，讓一直在變的工作者適應不斷變動的市場需求。然而，最重要的一點在於，人們需要有工具創造自身的成功——一遍又一遍地打造，因為人類原本就會不斷改變，不斷成長（今日成為自雇者的比率攀至新高，自雇者更是得精益求精）。此外，一九八〇年代與一九九五年後出生的千禧世代與Z世代工作者，更是明顯要求工作體驗要有意義，那樣他們才會覺得自己對世界產生影響。

我們每個人都希望日子充滿意義，發揮個人影響力。

大部分的人，一整天的時間都在工作，也難怪我們尋找意義與影響力時，第一個想到的就是從工作著手。然而，大部分的工作都繞著不得不做完與處理的業務打轉，你叫管理者談意義與影響力，大部分的主管會渾身不自在。如果你自己來當你的工作設計師，你

將能協助老闆與公司，讓你的工作變成你想要的工作。如果你擁有個人事業，更是可以一遍又一遍重新打造，直到工作帶來意義與影響力。不論你是員工還是老闆，你都可以設計自己的工作生活。不管你是領薪水或是發薪水的人，設計思考都適合你。本書提供大量的概念與工具，不只能幫助你在生命中創造更多意義，還能在每一個工作天帶來更多喜悅。

不只是職場在改變——整個世界都出現翻天覆地的變化。零工經濟、人工智慧（Artificial Intelligence, AI）與機器人，不只正要問世，而是蓄勢待發，即將重塑我們對工作的一切認知。聰明的工作者必須做好準備，即便在新的科技現實中，也能過得風生水起。本書提供大量的實用工具，協助你以創意設計師的腦袋，回應未來的職場。

如果你讀過《做自己的生命設計師》，不論你的奧德賽計畫內容是什麼，本書添加了新的設計思考心態，將帶給你有趣的工作生活。如果你還沒讀過我們的第一本書（或是讀了，但沒做練習），這第二本書也能協助你運用設計思考，設計工作場所——讓你每週花在工作的四十、五十、六十個小時，都能更快樂、更充實——除非真有必要，不然不必換工作，也不必轉行。如果真的不得不換環境，我們也能協助你辦到。

好了，從沙發上站起來，別再陷在工作的泥淖中。最重要的是，從現在起，該讓工作為你所用，而不是你為工作所用！

反正就是哪裡不對勁

邦妮今年三十歲,大學畢業後做過五份工作,每次的劇情發展都一樣——她感到樂觀,興奮不已,對新工作充滿期待,這次的工作絕對很適合自己,但最後都幻滅。這次的工作、每一份工作都令她失望,邦妮也不曉得為什麼會這樣。每次她都得向父母借錢繳房租,理由是「反正這份工作,就是做不下去」。邦妮也知道她離職的理由很模糊,但真要追究生活究竟出了什麼問題,講來講去都是「反正怪怪的,但我不知道哪裡不對勁」。

路易斯是中階主管,在一間中型公司待了十五年,每天搭火車上班,準時在早上八點十五分進辦公室。路易斯領導的銷售團隊,坐在整整齊齊的小方格座位裡,做起事來卻亂七八糟。理論上,路易斯應該管理團隊、激勵團隊,但路易斯日復一日走進銷售樓層,看了看四周,好像抵達了陌生的外星球。

反正也不是我的公司。

沒差啦。

路易斯準時搭上傍晚五點十五分的火車回家,家裡兩個孩子還在念中學,房貸才繳完三分之一。路易斯在搭火車回家的路上,頭靠在玻璃窗上,看著世界呼嘯而過,「臉部特寫樂團」(Talking Heads)的歌,一遍又一遍在他腦中播放:

啊,你問自己,

到底怎麼淪落到今天這個地步？

梅莉是成功的內科醫師，在自家領域是第一把交椅。她雖然感到工作是雞肋，但醫生當得好好的，誰會放棄啊。拉吉夫做的工作是自己喜歡的，但事情真的太多，時間壓力實在太大，他連要崩潰都沒力氣崩潰。布魯斯是靠app接案的計程車司機，另外還接了一些零工；他很喜歡這種自由的工作時間，但不喜歡收入不穩定，感覺沒有明天，沒有一份「真正的工作」。珍妮佛是高科技公司的人資長，她心知肚明員工離心離德、做事沒效率，但她接受過的訓練，無法以任何方式幫上大家的忙，只能將一份又一份績效不彰的報告歸檔。

上述這些工作不快樂的人，我們全都認識。每個人講起自己的工作，都有各自的不幸。我待不下去了，這份工作不適合我。要改變太難了，問題不可能解決，但我也不曉得要留下，還是該離職。到底接下來該怎麼辦？

無效的想法：這裡不適合我。

重擬問題：不管去到哪，總是有辦法搞定（幾乎啦）。

無心工作

如果你一年工作五十週（有兩週不必工作，因為你獲得有夠大方的美國休假），每週工作四十小時，工作四十年後——你一輩子就工作了八萬個小時以上。許多正在讀這段話的人，甚至一星期工作平均超過五十小時，有五十年以上的工作歲月正等著你——也就是一生超過十二萬五千小時的工時。這輩子耗去你最多時間與精力的事，排名第一的八成是工作。

然而，一份又一份的蓋洛普民意調查顯示[3]，六九％左右的美國勞工無心工作（包括單純的「得過且過」與怨天尤人的「抗拒工作」）。人們生命中大部分的時間都在工作，但全球不開心的勞工數目[4]，更是高達驚人的八五％。這些人工作時臉上沒笑容，經常抱怨工作「討厭又無聊」。而且這裡指的，不只是做一般辦公室工作的工作者、做重複性體力活的藍領勞工，也不只是你家附近工作內容千篇一律的漢堡連鎖店員工。我們在全美各地舉辦「做自己的生命設計師」演講與工作坊，包括老師、執行長、教練、醫生、牙醫、農夫、銀行人員、理髮師、私募股權專家、圖書館員、軍方直升機駕駛、物理治療師、貨運司機、公務員、律師（律師尤其多到驚人），不論是男性、女性，年輕人、中年人、老人，單身、已婚、離婚——各行各業的男女老少，全講著一模一樣的話。

我不喜歡我的工作！

　　就像剛才所講的，對工作提不起勁已是全球議題，情況在美國以外的國家甚至更糟。九三％的日本工作者說自己屬於「無心工作」的類型。[5]日本人甚至用五花八門的詞彙形容糟糕的工作，例如：「社畜」（公司的奴隸）或「会社の犬」（公司的狗），甚至創造了「過勞死」這種字眼。有好幾樁引發外界關注的自殺案件，起因就是工作者再也受不了高工時與嚴苛的工作環境。

　　所以說，美國人該知足了，因為一慘還有一慘慘。我是說，誰想要感覺像公司的牲畜啊？

　　人們工作不開心的理由很多：

　　我的工作好討厭，有夠無聊……

　　我老闆超豬頭，什麼事都要插手……

　　公司真是的，都不給意見回饋，我根本不曉得自己做得好不好……

　　我的生涯有問題，我想我入錯行了……

　　我們聽見大家的心聲了，我們可以在這裡告訴你，事情可能沒有想像中那麼糟。如果你目前有一份工作，那是一個起點，已經算幸運了，至少你有一點小小的保障、一點小小的收入、一個可以重新設計的起點。很多人只能打零工，有的人則屬於勞工統計資料中的「長期未就業」，那種情況可難熬了。幸好不論是什麼情境，本書提供的概念與工具都有辦法幫上每個人的忙。

　　如果你還沒找到工作，這本書有大量的好工具幫助你找到好工

作，也能協助你在未來的工作地點學習並貢獻所長，成為你接下來想成為的人。

我們的理念是你，你是自身生命與工作的設計師。只要從設計思考著手，生命與工作都能大大加分。你可以改變上司對你的反應，連帶改變你的工作體驗，說不定還能影響公司文化。我們深信所有人都能學著設計出方法，在工作中發光發熱，創造對每個人來說都更理想的職場。好消息是，這沒有想像中那麼困難。

無效的想法：我不過是機器裡的小齒輪。

重擬問題：我是能影響機器的槓桿。

A+ 重擬問題：我是人，不是機器。我可以做能夠發揮創意的有趣工作。

用設計師的腦袋思考

各位開始設計與重新設計你的工作生命之前，要先學著採取設計師的思維。後面章節將介紹幾種方法，不過首先你得瞭解一個超級大重點：設計工作生命時，多思無益。路是打造出來的，無法用想的。因此，你需要先瞭解什麼是設計師心態，培養出這樣的思維。我們在第一本書中提過五種設計心態——本書則用到六種（這

次的新成員很重要）。那六種心態分別是：「好奇心」、「行動導向」、「重擬」、「覺察」、「通力合作」，以及為你加分的「說故事」。

當個好奇寶寶：對人、對工作、對這個世界感到好奇，因為設計師永遠從初學者的心態出發，問：「為什麼？」好奇心是人類天生的狀態。感到好奇後，你將獲得必要的動力，出發去見有趣的人。**好奇心**是設計師最重要的心態，因為好奇心被挑起後，你就會想研究、想行動，好奇心是幾乎所有設計活動的源頭。把你的理性質疑留在家裡（等你需要評估手上所有的誘人選項，再讓批判能力派上用場），外頭的世界趣味十足！當你真心對人事物感興趣（也就是拿出好奇心），人們自然會樂意與你互動。記住一件事——**感興趣**是**很有趣**的。

試一試：擁有「行動導向」的心態，把好奇心與疑問，轉換成在真實世界裡做點什麼。我們在《做自己的生命設計師》介紹過如何展開並體驗原型對話；本書會教你更多窺探未來的方法，找出什麼樣的公私生活適合你。當你處於試一試的心態，總是能做點什麼，或是找人談一談，嘗試某種體驗；本書將介紹如何實驗各種「牛刀小試」的策

略。設計師會開拓前方的道路，找出工作與生活中適合自己的事物，坐而言不如起而行。

重擬問題：「重擬」是一個很重要的概念。只要你擅長重擬，就永遠不會卡住。設計師做的第一件事，永遠是重擬手上的問題，因為該怎麼說呢，交到他們手上的問題，很少是正確的提問。本書內容繞著工作的世界打轉，我們將錯誤的提問稱為「無效的想法」。你以為事情是那樣，但其實不是，或者即使是那樣，你執著於那件事也於事無補，只會害自己卡在原地。有一些關於工作與人生的看法，對你來講已不再適用。我們將介紹如何重擬那些無效的想法，改造成能做點什麼的挑戰。你絕對會想成為重擬大師——先掌握這個基本心態，才有辦法擅長解決問題。有一句老話說：「正確定義的問題，已經解決了一半。」**重擬**可以確保你定義出正確的問題，也是真正該解決的問題。重擬將替你在工作上與人生中的挑戰帶來良好的解方。重擬是超級重要的概念，因此本書第三章幾乎都在講如何重擬。重擬是設計的超能力。

一切都是過程：設計思考有時必須想出大量的點子。我們稱之爲「階段式發想」。此時你要做發散式思考，好點子、爛點子、瘋狂的點子，什麼點子都可以。其他時刻，則專注於你想嘗試的單一觀點或原型。在這個階段，你專注於一個好問題，或是你想測試的一個相當明確的點子。「發散」與「專注」這兩個設計思考流程，本質上不一樣。那就是爲什麼優秀的設計師學會留意自己的發想流程。你得知道何時該發散，何時該專注。你需要知道何時該問更多的問題，何時該接受你得出的資料，選擇單一一條前進的道路。如果你身處某個設計團隊，這一點尤其重要，如果要有進度，每一個人都得朝同一個方向努力。此外，留意過程可以確保你顧到所有的基本面向，完成同理心的研究與發想，也準備好做出適當的決定。

請別人幫忙：若想改造工作體驗，整天坐在家中沉思是不行的，你必須和工作領域及工作者互動才行。我們得求助他人。本書稱這個求助的步驟爲「通力合作」。做到「通力合作」，再加上「行動導向」，就會一下子學到東西，帶來大量打造原型的機會與改變人生的體驗。走出去，走進這個世界，和許許多多從事你感興趣的有趣事物的人士聊天，這點十分關鍵。這是你的設計研

究。當你與他人通力合作，你將發現你不孤單，許多人與你有著相同的疑問，關切相同的事物。當主題是工作，我們更要加倍強調「設計是一種合作過程」，你的最佳點子有很多將來自他人。你只需要請人伸出援手就行了。依照我們的經驗，當你進入這個世界，這個世界也會進入你，一切就此不同。

說出你的故事：說故事是本書的加分心態。當你的心態是**說出你的故事**，你會一直找機會思考自己有過的對話與經驗，想辦法以全新的方式，用你的故事參與這個世界。人人都愛聽精采的故事，當你充滿好奇心，想辦法行動，打造大量原型，你就會有好多故事可講。說出精采故事是一種能夠學習的技巧。你推動自己的工作與生命設計時，說故事將是你與他人互動的主要方式。一旦你開始說故事，奇妙的事情就會應運而生——這個世界也將以各種形式回應你，告訴你各種故事；你因此交到新朋友，得到工作機會，以五花八門的方式達成目標。別忘了，剛才談「好奇心」的段落講過，**感興趣是很有趣的**，那千真萬確。此外，**有趣這件事也很有趣**，那正是**說故事**心態的核心。當你拿出真正的好奇心，也很會說故事，你將無往不利。不過，在這個世界回應你之前，你得先開口說出自己的故事，後面的章節將傳授方法。[6]

增強吸引力

當你採取新的**說故事**心態，你將能運用人類經驗帶來的力量——敘事可以帶來不可思議的動力泉源。說故事是人類演化的自然元素，我們靠著說故事，讓自己的**體驗**與人生產生意義，與他人產生連結。英國伯明罕大學（University of Birmingham）哲學系教授麗莎・博托拉提（Lisa Bortolotti）甚至指出，說故事可以添加性魅力，改善繁衍下一代的機率。美國克萊蒙特研究大學（Claremont Graduate University）神經經濟學研究中心（Center for Neuroeconomics Studies）主任保羅・J・札克博士（Paul J. Zak）的研究指出[7]：「高度吸引人的故事足以改變態度、意見與行為。」說出新故事，尤其是對自己說，將以威力強大的方式改變工作體驗。

種種理論大概都能解釋，為什麼最早的穴居男女，坐在「火」這種新科技一旁的石頭上，開始說故事，接著人類就不曾停止說故事。好故事與講故事好聽的人，永遠受歡迎——不論地點是圍繞著營火、辦公室微波爐，或是你家孩子踢足球的場地邊線。我們將教你如何當那個會說故事的人。

說出你的故事，會增加你的性感值。

此外，如果你對自己目前的故事不是那麼滿意，別擔心。我們會協助你設計出你要的工作生活，在過程中改寫你的人生故事。我們將協助你拿出更多好奇心，試一試，培養出捲起袖子做做看的心

態。我們希望不論你從事哪一行，最後都能成為一股全心投入工作的創新力量。還有，老實講，如果你基本上對工作感到不滿，你的人生整體而言也不會快樂。

那種日子是過不下去的。

你需要滿意自己在做的事，喜歡自己度過工作生活的方式。這個世界需要更開心、更有心做事的工作者。

本書的各個章節將講出我們自己的故事，也講出讀者、工作坊學員及其他人的故事。大家應用生命設計的點子與工具，重新設計工作、生涯、公司，和你一樣努力讓工作做得下去。我們將引導你去設計工作生活，具備生產力，全心投入，讓一切變得有意義、樂趣無窮。

在未來，你將樂於工作。你只需要知道如何一窺那樣的未來。

我們出發吧……

1

到底抵達了沒啊？

無效的想法：什麼狗屁知足常樂，我要的不只是這樣。

重擬問題：知足很好——以目前而言

史丹佛大學的設計工作室掛著一塊牌子，上頭寫著「你在這裡」（You are Here）。我們很喜歡那個牌子，喜歡到放進我們第一本書的章節標題。背後的概念很簡單——找出要去哪裡之前，你得先知道自己身在何方。一旦你找出並接受自己目前身在什麼地方，就能設計出方法，抵達你想去的目的地。

「到了沒啊？」這句話則不一樣。如同本章標題暗示的那樣，這句話的意思是不滿目前的所在地。一路上坐車坐很久的時候，後座的孩子就會問：

我們到了沒啊？

我們到了嗎？

現在到了嗎？

什麼時候才會到？

到・底・到・了・沒・啊？

這樣的全家出遊不好玩，無聊透頂，出遊只是為了出遊，為了**抵達那裡**而已。管他**那裡**是哪裡，一旦到了，就會開心。什麼？還沒到嗎？那就不開心！

我們不是家庭休旅車後座哇哇叫的孩子，但有多少人在過生活時，尤其是工作生活，拿出的樣子就像那樣？

我們有多常等著抵達**那裡**？那個我們等了又等的夢幻之地——等到了那裡，我們終於感到滿足與快樂。我們想著，一旦有更好的工作，有更多錢，升到更高的職位，最後就會抵達那個新地方，一切不再一樣，事情會神奇地變好。有多少人因為這麼想，讓自己超級不快樂？老實告訴你，當我們生活的方式是等著抵達某處，我們唯一會抵達的地方就是卡住。

有一件重要的事要告訴你：不論你處於工作生活的哪個階段，不論你做什麼工作，都已經夠好了，以目前而言。

不是永遠。

而是現在。

你是不是鬆了一口氣？**目前夠好**是本書看事情的重要方法。培

養這樣的態度，不代表生活或工作不能變得更好，也不代表事情永遠無法改變，也不是叫你停下學習與成長的腳步。正好相反。把內心的話改成「目前已經夠好」，反而能讓外在情境的每一件事有機會轉變。

然而，我們來看一看實際的狀況：在我們的社會，媒體、文化、身邊的一切告訴我們的事，全是不夠好，永遠不夠好。你腦中那個碎念不停的聲音，一直拿你和其他每一個人比。那個聲音說，別人擁有的比你都多，我要是**再多**一點什麼，就會更快樂。你相當確定其他每個人都比你強，你比不上別人。你曉得我們在說什麼，那個聲音一直在你腦中不停地循環播放。

永遠需要或想要「更多」，害我們深深感到不快樂，甚至有點抓狂。我們永遠在追逐更好的工作，或是更好的車子、更好的房子、更好的城市，永永遠遠在追趕，停不下來，就是停不下來。此外，問題不限於「物質」層面。和追逐金錢一樣，你甚至可能永無止境地追求更多平靜、更多正念、更多雅量。或許你追求的東西比較高尚——但依舊令你陷入沮喪，永遠處於「還沒抵達」的狀態。這種永遠不夠、想要更多、感覺不夠好的心態，足以毀掉生活中的任何事。

心理學家用「享樂跑步機」（hedonic treadmill）這個專有名詞，形容永遠想要更多的現象。以本書來講，享樂跑步機是指著迷於新**體驗**與獲得新事物。如同所有類型的成癮，每一次獲得全新的

「high」，腦中會湧出一股快樂的化學物質，但一下就消褪了，也因此需要下一次的「解癮」。每一次的亢奮，爽度都比上次遜色一些。追求快樂的人，也因此加快解癮的速度，忍不住尋求更大、更刺激的快感。然而，問題在於你永遠無法重現第一次的高度亢奮。每一樣新東西、每一次新**體驗**，有陣子感覺很棒，接著那種感覺就會消失。你永遠贏不了**追求更多**的戰役。不騙你，這種旅程很少會有好結果。

真正的問題，不是「你擁有多少錢／時間／權力／影響力／意義／地位／退休存款／〔填入你最想要再多一點的東西〕？」

真正的問題是你目前如何？

不是生命設計師的人，他們泡在「不夠好」的池子裡，模模糊糊意識到不滿意自己擁有的一切，一遍又一遍問著：「這什麼鬼地方。我們到了沒啊？」

生命設計師被問到相同的問題時，會說[1]：「人生很好。沒錯，我正在努力感恩，管理好我的健康／工作／遊戲／愛的儀表板，工作時永遠嘗試做更有意義的貢獻，但我可以誠實地說，事情很不錯，我相當滿足自己擁有的東西。需要的東西我有了，目前那樣就夠好。」

重大的差別在於：生命設計師找出辦法，跳下追求「更多」的跑步機，他們的生活觀點是他們擁有的夠多了，而這種狀態很棒。

大量的證據顯示，世上很多的不快樂，都來自於沒發現我們擁

有的已經夠多，很多時候已經超出所需。不快樂有許多形式，但是當人們說出口時，講的話幾乎都一樣，都在講自己需要……

更多錢

更多認可

更多社會地位

更多Instagram追蹤者

更多樂趣……等等。

這樣說來，有哪些警訊能讓你知道，你踏上了享樂跑步機，所以一直留在原地？如果你坐在新沙發上，看著大螢幕電視，你的千瓦超級7.1環繞音響撼動著耳膜，而你感到寂寞——那就是警訊。如果你把照片放上社群媒體帳號前，花了一小時修圖，試著讓你的生活看上去比實際上光鮮亮麗——那是警訊。如果你在家附近的購物中心閒晃，想買點什麼，但覺得什麼都不值得買，無聊到爆，懷疑去那裡要幹嘛，一切到底有什麼意義——那是警訊。關掉你的電腦，把你的智慧型手機關靜音，不要用走的，跑步去最近的沙灘、森林或看美麗夕陽的地點，停下來深呼吸，看看四周。如果想感受到意義的話，帶朋友、家人或其他你愛的人一起去那些地方。偶爾這麼做，能提醒自己什麼是真實的，這才是真正的人生。

過去二十年間，馬丁・賽里格曼（Martin Seligman）、米哈

里·契克森米哈伊（Mihaly Csikszentmihalyi）、丹尼爾·高曼（Daniel Goleman）等人提出的正向心理學研究證實，擁有「更多」不會帶來幸福。彩券贏家的研究顯示[2]，變有錢的幸運兒大約在一年內，快樂程度就不再超過中樂透前的狀態。研究也顯示，快樂的人享受自己有什麼，不浪費時間擔心如何擁有不必要的東西。研究明明白白指出，快樂生活的訣竅其實是學習知足常樂。

哈佛的格蘭特研究（Grant Study），也找出快樂生活的另一帖祕密配方。[3]這項研究時間最長的西方社會成人發展縱貫性研究，時間橫越了七十多年，最後發現快樂與賺多少錢、社會地位或其他的外在成功指標並不相關（當然，這裡的假設是你有辦法謀生，維持基本生活——科學指出，足夠生活後，賺更多的錢意義不大）。能為生活帶來意義、最能讓你快樂與長壽的因子，其實是人際關係——重點是你愛的人與愛你的人。此外，「助人」與「更健康長壽的生活」之間，具備強烈的相關性。哈佛心理學家喬治·華倫特（George Vaillant）是格蘭特研究最後一任主持人，他以一句話總結整個研究：「幸福無他，幸福就是愛。」[4]

所以說，我們在設計出讓我們更投入的工作時，別忘了我們是人類這種動物，當我們和其他人類處於某種關係時，表現得最好。人際關係、社團、教會、社區——這些是真正推動世界的力量。與人建立關係，而不是和物質建立關係，就有辦法離開享樂跑步機。

目前夠好的心態，將開啟成長與改變的可能性，但目標不是為

變而變。此外，得到「更多」不是優先要務。「目前夠好了」是強大的重擬與觀點，你將能夠控制人生需要什麼，由你選擇要讓什麼進入你的人生。

此外，「目前夠好」是讓你開心待在目前工作最重要的方法。目前這一秒。不論你人生發生其他什麼事，甚至在你繼續讀這本書之前，光是靠著改變觀點，改成**目前已經夠好**，你就能跳脫「不開心、無心工作」的狀態，將早就存在的快樂放到最大。

葛斯重擬的心態：「目前已經夠好」

葛斯還以為自己一切都做對了。他仔細研究產業，瞭解他應徵的公司，還和公司裡所有該聊的人聊過。面試過程很順利。沒錯，先前做他那個職位的A，遲遲沒回電，但每一個和葛斯聊過的人，講的全是這間公司的好話。也因此，公司願意雇用他時，葛斯毫不猶豫就接受，正式成為一家大型電信公司的集團行銷經理，負責掌管數條產品線，快樂到飄飄然。

上班第二天，先前在葛斯的面試過程中，一直聯絡不上的A，突然間回電了。

「你可真難找。」葛斯開玩笑。

「你難道不知道原因嗎？」A回答。

那一瞬間，坐在嶄新辦公室內新桌子前的葛斯，心跳開始狂

奔。他深吸一口氣。「不知道。」他問：「爲什麼呢？」

　　「他們不讓我和你說話，因爲他們知道我會誠實地告訴你，你接下的這份工作有多可怕。一切不是表面上看起來的那樣。我是用逃的離開你那份工作。」

　　葛斯聽Ａ解釋公司裡的政治鬥爭內幕[5]，一字不漏聽見自己接手什麼樣的燙手山芋。不用說，Ａ慶幸能調到別州。她不想搬家，但只要能脫離苦海，天涯海角她都去，而葛斯是新苦主。

　　葛斯這下子坐立難安，掉進了地獄。事前該做的功課，他都做了，依據新工作會很棒的理想資訊，做出好的選擇。葛斯不該責怪自己，畢竟他已經按照手邊的資訊，做出最佳的決定，問題出在重要資訊被刻意隱瞞。史丹佛教授霍華德（Ron Howard）是決策分析之父，他提醒過我們：「『決策的品質』與『結果的品質』完全是兩回事，永遠不要搞混了。你唯一能控制的事，就只有你的研究品質，以及隨之而來的決策品質。」此一關於決策的真知灼見，值得我們銘記在心。不過理所當然，葛斯知道自己麻煩大了……

　　葛斯掛掉電話，垂頭喪氣，不知該如何是好。上班才第二天就**離職**不太好，而且他剛當上爸爸，才剛和老婆買下房子，五子登科

的結果，就是有很多帳單要付。要是少了這份薪水，他無法養家。此外，他要怎麼對未來的雇主解釋履歷表上這份只做了兩天的工作？公司已經向業界宣布他的職位，新雇主鐵定會問發生了什麼事，場面會太尷尬。葛斯有一千萬個不得不留下的原因。

葛斯將得咬牙撐著。一段時間後，他發現A說的都是真的——這真的是一份很糟糕的工作。上司不是什麼好人，絕對和「好」沾不上邊。不管從什麼角度來看，葛斯都處於相當為難的情境，他預測未來還會每況愈下。

他的預測成真了。

葛斯因此得做出選擇。

葛斯可以每一天的每一秒都過得可憐兮兮，不停責怪自己當初做了不當的選擇（他無緣上霍華德教授的課，不曉得「決定」與「結果」的區別）。葛斯可以變成我們都認識的那種人——無止境地抱怨工作，怨恨主管，對公司不滿——但不曾真的做點什麼來改變現況。葛斯也可以選擇改變觀點，想辦法讓工作「以目前來講夠好」。葛斯因此採取設計師永遠採取的第一步——他**接受**自己的處境，接受之後就能開始設計工作生活。

首先，葛斯決定每天三小時休息一次，補充正能量。他會離開辦公桌，到公司附近走一走，接著去員工餐廳買一支冰淇淋。葛斯的體重在甜食的加持下直線上升，但這下子，每隔幾小時就會發生令他開心的事。當他回到辦公桌前，便感到較能重新投入。葛斯安

排好休息時間後，一天不再顯得那麼難熬，比較不像在坐牢。

買支冰淇淋是很容易做到的事，也是解決方案一。

第二，葛斯看了看眼前部門複雜的龐大公司，決定他可以向公司的聰明人多加學習，尤其是他所屬的行銷部門以外的同事。葛斯決定造訪公司其他部門，抓住機會學習，還刻意與銷售部門打交道，從他們身上學到每一件有關電信銷售的事。葛斯在銷售部交到的朋友，最後為他的行銷工作帶來助力。

葛斯的工作依舊很糟——並非公司原本承諾的那樣。然而，葛斯拿出好奇心，開始與人交談；由於每天都能學到新東西，薪水也還過得去，他有辦法好好完成工作，抱持「目前夠好」的觀點過下去。十八個月後——時間長到就算離職，履歷表也不至於太難看，葛斯決定換工作，靠著銷售部門的朋友幫他掛保證，跳槽到另一間好很多的公司，負責一份好工作，離職時感到「不虛此行」，不但結交到不錯的人脈，履歷（與靈魂）依舊完整無缺。

重擬成「目前過得去」的心態，除了幫了葛斯一把，也能協助你脫離無心工作的狀態，不再是統計數據中的一員，而是開始設計自己的工作生活。

這裡先跟大家講清楚——我們不是在試圖告訴你應該對自己說謊，硬是接受一份糟糕或是不太滿意的工作。我們只是建議你，要想改變觀點、朝更多的快樂前進，最好別再等待有一天某件事、某個人會改變。你無從控制他人，但能夠小幅度地掌控自己的情境

（這件事問葛斯就知道了）。我們設計工作生活時，先從接受現況開始，接著找出小小的方法，重新設計周遭的環境。我們要拿出好奇心，和人聊一聊，嘗試看看，開始說出新故事。在這樣的過程中，我們將更投入、更有精神。一切始於改變觀點，認為自己目前擁有的已經夠好。

不是永遠。

而是以目前來講。

重擬的意思不是換個名字就好

這裡還要釐清另一件事，我們並不是主張叫你凡事看向光明面，也不是要你對自己洗腦天下太平、一切沒問題。工作環境如果真的糟糕透頂，不需要忽視顯而易見的事實。「目前夠好」只是在轉念，不光是換個名字而已。

換名字等於是換湯不換藥。在一盒臭掉的牛奶上寫上「優格」兩個字，並不會讓牛奶變好喝——把棘手的工作情境貼上「夠好」的新標籤，也不會讓事情好轉。那不是葛斯做的事，我們也沒推薦這種作法。

我們都聽過「苦中作樂」這個建議，那是還不錯的建議，但如果只有苦中作樂，你依舊身陷苦難之中，治標不治本，沒機會改變現況。打起精神面對糟心事，的確是一種改善，但事情依舊是老樣

子，你很難持久。

重擬的意思，其實是在徹底改造你對某個情境的認知（沒錯，就是一個全新的觀點），從根本改變你投入注意力的方式，採取行動導向的作法。如果成功了，將帶來十分不一樣的故事與體驗。

弄清楚「重擬」與「換名字」不一樣之後，就能分析葛斯如何將心態轉換成「目前夠好」。葛斯做的第一件事就是接受自己身處的情境，接著把「從工作與上司那裡獲得滿足感」，重擬成「待在有才華的新朋友身旁，學習新事物」。此外，葛斯也從中找出能帶給雇主（與他自己）重要價值的東西，把注意力集中在那裡（以葛斯的例子來講，他促成了行銷與銷售部門合作）。葛斯做的不只是幫爛工作「換個開心的名字」而已；他替自己的工作設計出新展望與新觀點（重擬）。葛斯被問到「近來如何？」時，有辦法回答：「謝謝，還不錯。」葛斯依據重擬過後的現實，講出誠實的答案。當然，那份工作很糟的地方依舊不如意，但葛斯接受現況，把注意力放在其他事情上，工作便有辦法做得下去。

好，這麼做不一定會成功。我們不逃避現實，我們完全瞭解生活有時一點都不好。人有悲歡離合，月有陰晴圓缺，你會失去所愛的人，你有可能處於了無生趣、被利用的人際關係中，或是在工作上不得不卑躬屈膝。我們懂，有時事情真的太糟糕，你一定得做點什麼。萬一工作剝削你、歧視你，叫你做不道德或不合法的事，甚至同時違反道德與法律——那就快點逃走，快跑，不要用走的。人

生苦短，沒必要忍受那種事。

然而，如果事情只是普通等級的不好——工作不有趣、公司充斥不良的文化（或是根本沒文化），我們建議暫時撐著。幾個有效的法寶可以讓爛工作變好。

或者，至少目前還過得去。

記住，「目前」兩個字暗示著希望，未來可能出現更好的結果，帶來打造原型的空間。人生設計師的作法就是這樣：接受自己碰上的現實，或接受手邊的工作，想辦法重擬問題，應用**行動導向**的心態，打造出某種東西——一個原型，接著瞭解到更多事，再來一遍。我們稱這個過程為「設計前方的道路」（building your way forward），幾乎任何情境都能這麼做。在這樣的過程中，你小小踏出一步又一步，最終大獲全勝（就算是最不濟的結果，你每天都吃到一支冰淇淋）。

此外，有時最佳原型再等一下下就會出現。我們永遠匆匆忙忙——其實再多花一點點時間，通常就能開啟全新的可能性，冒出得以前進的路。

夠好永遠是相對的，相對於你身處的情境與你的需求。**目前**也永遠是相對的。「改變」與「變得更好」，幾乎永遠有可能辦到。

此外，採取設計師的思維時，你永遠有選擇。

問葛斯就知道了。

無效的想法：為了擁有美好的工作人生，我得「全力以赴」，邁向超級遠大的目標！

重擬問題：「目前夠好」的訣竅，就是抱持勇於行動的心態，但標準設低一點。做到低標後，再來一遍，接著再來一遍。

標準放低一點

你不喜歡你的工作，不太欣賞老闆，感到上班好無聊，沒被重用。你知道自己過勞，八成沒人知道你這麼辛苦。你的第一個衝動是辭職，重來一遍。什麼都不用說，管你的，老子／老娘要閃了。

這是一種辦法。

本書要講的是其他很多種方法。

設計思考可以改造你的工作，改變每一件事，包括改變你自己。事情不一定容易，也不見得會立竿見影，不過我們認為設計思考將能帶來滿足感，而且可行性很高。改變行為是一件很困難的事，採取嶄新的設計師心態，實踐「行動導向」與「重擬」並不容易。我們沒辦法念完一句咒語，就突然冒出不同的思考與行為。然而，正向心理學家的研究確實讓我們知道，如何能以更順利的方式改變自己的行為。

依據估算，我們在新年訂定的目標，三個月後九成已經失敗。[6] 號稱要節食的人，超過三分之二失敗。更別提新買的計步器和健身手環，六個月就會流落放雜物的抽屜中。我們在「史丹佛生命設計實驗室」（Stanford Life Design Lab, d.Life）研究過相關現象。改變行為很難，要是嘗試得太用力、太過頭，幾乎會屢試屢敗。許多人困在不開心的工作與情境的另一個原因是，他們認為得做出重大改變，才叫有所改變，接著就發現自己失敗了，改不了。

其實，還有另一種方法——就叫作「門檻放低法」（Set the Bar Low）。[7]

設定小目標

「門檻放低法」有扎實的心理學研究與行為改變模型作為後盾。這些研究證實，採取可行的小步驟，才是建立新行為或習慣的最佳方法。

假如你是典型的美國人，整天窩在沙發上看電視，但你讀到的研究指出運動有益身心健康，你決定開始跑步。你想把目標設成跑馬拉松，但你也讀到，瞄準跑馬拉松這種遠大目標，八成會失敗。你想要改變，以正確方式改變，因此你做的第一件事，就是**接受**這是一個你願意努力解決的問題。接下來，你因為擁有「行動優先」的心態，你拿出日曆，圈出頭兩週的目標是「一天走五千步」。你

打開智慧型手機上的計步器，記下每一天走了多少路。這是相當有可能達成的目標——多數人就算沒特別運動，一天也會走到五千步，但這樣一來，你將養成習慣，留意每天走了多少步。覺察對改變行為是很重要的因子。當你**接受**你要朝健身的目標邁進，並且開始**留意**自己的進展，你便讓事情發生。

你成功一天走五千步一星期後，記得要慶祝。葛斯的慶祝方式是買冰淇淋——你可以考慮健康一點的作法，但慶祝是關鍵，慶祝會帶給大腦一陣多巴胺，獎勵你成功做出改變。然後，你得提高目標——例如一天走七千五百步，接著一天走一萬步。走一萬步幾星期後，目標可以改成「慢跑四分之一英里」。每努力兩個星期、達成先前設定的目標，便再度做出小小的漸進式改變。如果沒達標，也沒關係，那就重新設定，再來一遍——只是就吃不到冰淇淋了。你的大腦因為搞砸了而受罰。

這樣懂得該怎麼做了吧。有一天，你將能連走帶跑完成五公里比賽，接著是十公里賽事，就這樣逐漸朝跑馬拉松前進。參加比賽將帶來「責任心」這個強大的動力。最好和朋友一起報名參賽，說好一起衝過終點線。研究顯示[8]，當我們必須負責時（以這個例子來講，便是說好要參加比賽，答應夥伴一起跑、一起完賽），我們說到做到的機率將大增。

你最終會跑馬拉松嗎？有可能，但那不是重點。一路上，你的目標有可能改變，沒關係。你也許需要六個月左右才有辦法跑長一

點，到了那時候，你可能不想跑馬拉松了，但重點是你已經有一套改變的方法。

從小目標起步，標準設低一點，先從某件事試起。

找出工作中行得通的東西

我們在《做自己的生命設計師》一書中，請讀者做「好時光日誌」這個基本的自我覺察練習。這裡要請大家做另一種版本的練習，我們稱之為「好工作日誌」（Good Work Journal）。這個簡單的工具將協助你留心並記錄哪些事能讓你投入工作，獲得活力，進入「心流」狀態。我們推薦花個一、兩個月的時間，每天固定做這項練習，以精確可靠的方式，找出你的工作生活中哪些事可行、哪些事窒礙難行。

這項練習的基本原則和好時光日誌一樣：你觀察並記錄工作時的想法、感受、行為，寫下你留意到關於這份工作的事情。學術研究歸納出幾類與「好工作」相關的「覺察」要素，我們據此列出：

我學到什麼？

我發起什麼事？

我幫助了誰？

找出答案的過程，可以協助你在寫下日誌時，以明確、具體的方式觀察自己的工作，接著問：我注意到什麼？看看是否產生特殊

的心得。當你被問到「今天過得怎麼樣？」，將不再回以制式的答
案（還OK啦），會更加明確感受到真正發生了什麼事。好時光日
誌與好工作日誌等練習，將協助你覺察生活中順利與窒礙難行之
處。過了一段時間，你會感到自己朝著正確的方向前進。此外，等
你留意到哪些事可行，習慣設低一點的標準，做漸進式的微調，聚
沙成塔，你的工作體驗便會出現重大改變。

　　以下提供好工作日誌的範例（本書所有的練習頁，我們的網站
都能下載：www.designingyourwork.life）。每天寫下日誌，「留
心」以下三個問題的答案：

日期	我學到什麼？	我發起什麼事？	我幫助了誰？
星期一	學到如何製作電子試算表的樞紐分析表。		
星期二	會計部的格雷狄絲第一次當祖母。		幫前台部門的約翰放影印機的紙。
星期三		替會計部的格雷狄絲發起「賀卡」簽名。	協助清潔人員——替吸地毯人員著想，把所有物品擺到桌上。
星期四	學到如何依據正負值，替電子試算表的儲存格上色。	隨手整理公司的休息室。	
星期五			教會計部的賽莉亞依條件替電子試算表的儲存格上色。

日期	我學到什麼？	我發起什麼事？	我幫助了誰？
休假日	校準單車車輪。		教單車社的友人如何校準單車輪。
休假日	學到如何用手機拍照，就能存入支票——不用跑銀行了，太好了！		教另一半用手機存支票。

1. **我學到什麼？** 反思你的一天及過去的一週，問：我學到什麼？找出能積少成多的小事就夠了，不必多重要，例如：學到新步驟或新流程、做 PowerPoint 投影片的新方法、有關會計部格雷狄絲的新消息。此外，也找一找「拋掉舊觀念」的時刻：此時你沒不需要多瞭解已知的事，而是得知有些事你以為是那樣，其實不然。你以為美國面積比俄國大，卻發現那不是真的（俄國面積是美國的一·八倍）。你還以為沒人喜歡草莓口味的冰淇淋，因為你自己不愛吃，卻發現草莓其實是排名第四受歡迎的口味，僅次於香草、巧克力、奶油胡桃（誰想得到奶油胡桃榜上有名？）。科學告訴我們，如果要感到工作對你有益，你必須每天學到新東西，因此要記得留意自己每天學到什麼。

2. **我發起什麼事？** 我們大多數的時間必須創造與發起事情，才會感覺是自己工作的設計師。當你主動展開行動，做出改變，或是用新的方法做事，你將滿足心理學家所說的「內在需求」

（innate need），這是人類獨有的需求。此外，當你滿足內在需求，更能感到有辦法掌控自己的世界。最棒的是，你不需要得到老闆的允許，才能推動事情。挑一件小事，一件可以自行全權掌控的事來做，就能獲得身為創作者的精神獎勵。例如：號召大家替某位同事簽生日卡；用完茶水間後，整理一下（讓營地比你來之前更乾淨）；製作更精良的電子試算表，替最重要的儲存格上色。把目標設成在工作上發起一件事，一週至少一次。你會訝異那將帶來多美好的感受。當你發揮自動自發的精神，不太可能沒有工作同仁注意到。

3. 我幫助了誰？科學明確指出助人為快樂之本。前文提到的格蘭特研究發現，「服務他人」與「幸福長壽」存在強烈的正相關。此外，如同我們有主動發起一件事的內在需求，人類還擁有心理學家所謂的「歸屬」（relatedness）內在動機，我們稱之為「助人」。每天或每週至少一次，留意自己替工作夥伴做了什麼，就算是幫個小小的忙也算數，例如：在影印機的紙用完前幫忙加紙，同事就不必再放；別人休假時，幫他們的植物澆水；協助其他人解決電子試算表難解的上色問題；為晚班同事帶杯咖啡等等。這些舉手之勞可以帶給辦公室良好的因果循環，滿足內在動機——你甚至可能不知道自己有那樣的需求。

本章的「牛刀小試」納入了「好工作日誌」練習。我們鼓勵你

至少試行一個月。當你開始留意自己學到了新東西，在辦公室發起有用的改變，協助他人享受工作，你八成也會注意到自己的工作滿意度上升。更棒的是，你不需要取得任何人的許可，就能做這些事——你嘗試做出的改變，完全操之於你。

別忘了以行動爲導向、設定低標，完成一星期的日誌後就獎勵自己。如果暫時失去動力也沒關係，從上次停下來的地方接續下去，重新設定標準，繼續前進。

但不要吃太多奶油胡桃冰淇淋！

反思時間

我們都明白，要分開生活與工作眞的很難，原因不只是我們一生中有很多小時花在工作上，也因爲我們在家與工作時，其實是差不多的人（除非你是祕密間諜或在證人保護期間）。讓我們快樂、帶來意義的人事物，從家裡跟到工作，從工作回到家裡。設計你的人生，便是設計你的工作；設計你的工作，也是設計你的生活。我們很少給自己時間，思索兩者其實密不可分。

你大概聽過「安息日」，那是猶太傳統，一星期要休息一天不工作，體會生活的眞諦。多數的信仰與智慧傳統，都建議某種版本的每週練習，要人抽離出來反思，協助我們從經歷中獲取最多的心得。那樣的傳統帶來現代由週六與週日組成的「週末」（即便今日

許多人會利用週末，瘋狂完成其他類型的責任與義務）。

我們建議一週找一天非工作日（多數人選擇星期六或星期日），花個五到十分鐘，做一下「第七天反思練習」（7th Day Reflection）──花五到十分鐘就夠了，不過你首先得瞭解我們對「反思」的特殊定義，以及為什麼我們認為值得一試，才能從這個練習中獲得最大的效益。

反思是一個關鍵的步驟。反思之後，就能從工作和生活中獲得更多的啟示。

反思的意思是**思考、推敲或沉思**一個概念或一段經歷。本書提到反思時，意思是選擇特定的概念或經歷，安安靜靜專注於上頭。

生命設計的反思有兩種：

1. 回味（Savoring）
2. 洞見（Insight）

「回味法」很簡單，就是重返一場經歷，在腦中重新進入、再度回想那件事。你待在一個安靜舒適的角落，全神貫注，藉由記憶與想像力，在個人空間內反思。回味某樣東西或某個事件本身有其內在的價值──回味式的反思，是指專注於有價值的事，在不受干擾的情況下真誠面對。這是從生命中獲得更多的基本方式（而不是塞進更多東西）。藉由回味式的反思，重新體驗過往，就能更全面

投入你反思的事，有可能是一場社會體驗、某次揮汗如雨的運動、工作方面的成就、藝術方面的交會、嶄新的商業點子——不論什麼事，都可以加以反思。回味會深化體驗，讓那件事深植於記憶，進一步理解那場經歷寶貴的原因。砰！不過是花個幾分鐘，你就能獲得更豐富的人生——完全免費！當然，如果你在日誌中記錄你是如何進行回味式的反思，你感受到生命意義的機率更會提高。只要肯自省，每一次都會有所收穫。

第二種可能的結果是「洞見式的反思」——這種反思比較難捉摸，有可能冒出心得，也可能沒心得。反思絕對能協助你避免漏掉洞見，但無法要求所有經歷過的事都能帶來深刻的見解，只不過是反思與細細回味體驗後，獲得洞見的機率將提高。

洞見式的反思通常始於一個問題。你與自己、與內心世界不斷對話後，將浮現出特殊的見解。洞見一般來自看見一場經歷背後「更廣大的全貌」，或是察覺到賦予那場體驗更多重要性的深層結構或情緒架構。

接下來的例子，同時是回味式與洞見式的反思：戴夫在寫這一章的那個星期，到聖路易斯（Saint Louis）出差三天，在某場大會發表演說。戴夫不在家時，送了妻子一小盆插花；返家時，太太重重親了他一下，抱住他，說那些花對她來講意義非凡。

戴夫那一週做第七天的回味式反思時，那「歡迎回家」的溫暖舉動讓他印象深刻。雖然只是短短的一瞬間，戴夫得以重溫舊夢，

深入回想那個時刻，那一刻變得更加甜蜜。戴夫想起他有多愛老婆，有多慶幸娶到她，有這樣一個會熱情表達感激之情的妻子。原本的擁抱與親吻已經很美好──但是在反思時回味記憶又更棒！

此外……太太的反應也引發洞見式的反思。戴夫因為寫了書，全球跑透透──這是令人興奮的大事，但他也因此忘掉小事。另一半收到花的興奮程度，幾乎等同於陪著戴夫到布拉格打書。那起洞見簡單，但深刻：事物的情感價值與大小無關。簡而言之──不要忘記小事！

別忘了，反思是一種**修行**，也就是最有效的作法，要定期實踐。試一試第七天的反思練習，持續兩星期，接著停下來反思這個練習本身；看看對你有沒有用。反思的威力強大，可以訓練你留心自身的體驗。試一下吧，不必花錢就能得到「更多」。

等等，我們到了沒啊？

設計工作生活等同持續打造通往前方的道路。先從行動導向開始──做點什麼就對了。接下來，採取「目前夠好」的觀點。現在就試試看，不論工作上哪個地方行不通，你就接受我們提出的挑戰，做點什麼，接受「目前已經夠好」的心態重擬。接下來，找出你踩個不停的享樂跑步機，想辦法走下來，靠著「門檻放低法」，每天留意生活中一、兩件正面的事。一星期完成一次「第七天反思

練習」，回味你的遭遇，努力找出洞見。行動導向與重擬的心態，有可能成為你的第二天性，不論從事什麼工作，你將以嶄新的方式看待自己的工作，留意自己有多麼放鬆、活力充沛，還會突然多出很多時間——有時間陪伴親友，抓住周遭開始冒出的機會。要不了多久，「目前已經夠好」的感覺真的很棒，因為你不再坐在人生的後座上，嚷著：「抵達了沒啊？」

你坐在駕駛座上。

運用設計思考。

準備好從目前的所在地出發。

牛刀小試
微目標練習

1. 挑一個想改變的壞習慣，也可以選擇你想養成的日常新習慣或行為（多運動、開始練習正念、廚房永遠保持整潔等）。

2. 設定幾個大目標，寫下明確、可測量的最終目標（例如：每星期固定做三小時的有氧運動；每隔兩天冥想三十分鐘；上床睡覺前，洗碗槽內永遠沒有碗盤，廚房永遠乾淨，早上隨時能使用）。

3. 讓大目標成為你的「故事」一環。用一、兩句話，寫下如果你讓新行為成為固定的習慣，你將獲得的成果與情緒益處（例如：我會更健康，睡得更好，對自己的體態更有自信；我將心平氣和地面對生活，更能掌控內心的怒氣；我會有更好的烹飪環境，每天替家人準備營養滿分的餐點）。

4. 想出你想藉由「微目標」達成的改變。計畫微目標的前八週（養成新慣例大約需要八週），設計好你要達成更大目標的幾成（或許兩成？）。每星期的微目標要盡量簡單，簡單到你認為自己絕對做得到。別忘了，不論設定什麼目標，要有辦法計算結果。

5. 每隔一段時間，一定要獎勵自己達成微目標。

6. 萬一故態復萌，不要獎勵自己，但也不必批評自己。改變是一件很難的事。如果你達到七成的目標，已經很不錯了。繼續努力，就會愈變愈好。重新設定目標，想辦法待在正軌上。

7. 八週結束後，評估自己達成目標的幾成。如果計畫好的事，大部分都達標了（七成法則），恭喜！你現在對進步已經有了信心，請繼續努力。設定好下一個八週的微目標，就持續下去，不斷重複。

　　你會很想增加微目標的難度，要小心──你可能會因此毀掉整個流程。別忘了，我們在練習「門檻放低法」。微目標的大小是否剛好，測試一下就知道了：微目標應該看起來很簡單，確定做得到。你對流程有信心之後，更大的目標做起來或許也會變容易，那 OK。不過請相信直覺，不要過分設計你的目標。要有耐心，靠著小小的成果（與慶祝），不斷強化流程並前進。

　　有一句名言說：「成為你想在世上見到的改變。」

　　我們要呼籲：「去吧，改變這個世界，改變你自己──一次達成一個小目標。」

好工作日誌

1. 使用本書的練習頁（或你的筆記本），記錄日常活動。留意自己「學習」、「主動做事」與「協助」的三種時刻。試著每天都記錄，或者至少隔幾天就記一次，一週至少一次。

2. 持續每日的記錄三至四個星期。

3. 在每週的結尾寫下觀察，問自己：「我留意到什麼事？」

4. 是否有出乎意料的觀察？

5. 「學習」、「主動做事」與「協助」這三項，你是否留意到某一項的記錄特別多？有的話，你認為這代表什麼意思？

6. 如果你發現三項之中，有一項通常是空白的，那就擬定計畫，在下個星期多學一點東西、主動做事或協助他人。

7. 觀察調整行為後帶來的感受——記錄在你的日誌裡。

一星期「好工作日誌」練習頁

利用這個練習頁反思你的一天與一週，問自己三個問題：我學到什麼？我發起什麼事？我幫了誰的忙？研究顯示，留意這一類的人事物，將協助你從工作中獲得更多，增強投入工作的程度。請努力至少一天記一次。

日期	我學到什麼？	我發起什麼事？	我幫助了誰？
星期一			
星期二			
星期三			
星期四			
星期五			
休息日			
休息日			

第七天反思練習

以下這個簡單的四步驟練習，可以每星期做一次。我們建議定期做，好發揮最大功效。

1. 找到做練習的好地方

- 找一個安靜的地方，舒舒服服坐五到十分鐘。坐在桌邊，或是某個方便寫東西的台面（手寫最理想，但也可以打字）。
- 閉上眼睛，什麼都不做，好好呼吸幾秒鐘。至少做三、四次完整的吐納，讓呼吸慢下來，把整個人調慢，感激自己還活著，得以享有這片刻的寧靜。

2. 回顧

- 好了之後，眼睛還不要睜開，用心靈之眼回顧過去的七天。尋找這一週之中你受到吸引的二到四個時刻，一邊回想，一邊感恩。
- 注意：小心不要被問題、衝突、忘了做的事「吸引」。人類心智喜歡被困在那種事情上。發生那種情形時（一定會發生），告訴自己：「我會找時間處理。」接著就不再去想。不要抵抗或試圖解決——那會讓你分心。只要承認有那些事情就好，接著放下，回到反思上頭。沒錯……這需要一點練

習才能做到。

- 回顧自己的一週，留意那二到四個時刻，非常簡短地替那樣的重點時刻寫下幾個字，以免忘掉，例如：「開心的雜貨店老闆」、「完成報告」、「主管滿意」。

3. 反思

- 寫好之後看一遍。
- 再度完整回味那些片刻——從中獲得更多。
- 如果其中一個片刻特別引發你的關注，多寫一點關於那段體驗的事。不必很長，也不必天花亂墜——只是捕捉到那個體驗的日誌。

4. 謹記在心

- 接下來，強化你的反思，告訴自己：「我真的很慶幸發生了這些事。想到這些，我感到這是還不錯的一週。」這是主動讓自己感到「目前已經夠好」的一種方法。

好了！這真的只需要五到十分鐘。

加分步驟——洞見

- 如果留意到特別會帶來洞見或心得的時刻，值得記下來，那

就放進日誌。

- 不一定會出現洞見，但是出現的話很好，隨時準備好迎接。

加分步驟——說出你的故事

- 從人生中獲得最多的方法是給予——藉由說故事。
- 如果家人也在做這個練習，你們可以分享心得。
- 「嗨，最近過得如何？」——這個問題，大部分的人一週至少會被問一次，甚至更頻繁。你可以在「第七天反思」中放進你的故事。「事實上，最近過得滿順的。你知道嗎？我上星期去雜貨店，信用卡忘了拿，結果收銀員居然一路追出來，跑到停車場還我——真是幸好，對吧？」

　　這個練習能協助你決定如何用對你有利的方式，樂觀面對自己的遭遇。這是我們隨時都在做的事——我們會把注意力擺在某些事情上，而忽略其他事。問題出在大部分的人專注於負面或困難的事情，使得記憶與心態偏向負面。

　　這個練習絕對不是在假裝或幻想人生很美好，而是盡量尋找現實中好的一面。你一星期中最美好的時刻真實發生過——我們不過是努力從中擷取最多的收穫。

2

要錢，還是要意義

無效的想法：我一定得選一個，看是要賺錢，還是要做有意義的事，魚與熊掌不可兼得！

重擬問題：「金錢 vs. 意義」（如同「工作與人生」要平衡）是假兩難。金錢與意義根本是完全不同的價值指標。

你站哪一隊？「金錢隊」還是「意義隊」？

好多人困在這一題，苦苦掙扎，不曉得該怎麼選。

所以答案到底是什麼？金錢還是意義？

答案是沒有正確答案，你問錯問題了。

「假兩難」（false dichotomy）這種事真的很討厭，讓你以為非得二選一，玩一場零和遊戲。「金錢vs.意義」就是一種假的二分法。沒錯，「做有意義的工作」和「賺大錢」感覺完全是兩回事，通常還相互矛盾，但仔細研究之後，你會發現根本沒這回事，

至少不必只選一個。

有的醫生在美國偏鄉工作，薪水超少，但造福民眾。有的整形醫師在洛杉磯幫人拉皮，賺到不想賺，但沒什麼太大的意義。

有的老師教小一、小二生閱讀，一教四十年（我們認識一位叫瑪麗安（Marion）的老師，最近剛退休，先前教比爾的女兒閱讀），這樣的老師人生充滿了重要意義，但薪水只是還過得去，剛好能支撐他們對教學的熱情。

有的人是私募股權的第一把交椅，賺的是天文數字，但沒事就吸點什麼，再灌點酒，買下不想要或不需要的東西，避免思考自己的人生為何沒意義。

然而，也有老師把自己燃燒殆盡，失去對教學的熱情。也有做私募股權的人對工作樂此不疲，日復一日促進資本主義的效率，感到自己做的事太有意義。

這個「金錢／意義」的問題沒有對錯，重點是要活出和諧的人生，也就是按照你重視的價值過活。要活出具備一致性的人生，就必須想辦法知道自己是處於正軌上，還是走偏了。

你需要打造自己的羅盤（如果已經在《做自己的生命設計師》做過這項練習，可以跳過這一節）。

具備一致性的人生[1]

人生具備一致性，意思是你能清楚串起「你是誰」、「你的信念是什麼」與「你目前在做的事」。我們在上一本書《做自己的生命設計師》解釋過，打造羅盤時，你需要先找出「工作觀」與「人生觀」。

「工作觀」不是工作職責的說明，也絕不是列出願望清單：「我想要位於角落的辦公室，公司要配車」──工作觀指的是你用什麼樣的價值觀來判斷一份工作的好壞。你可以說出一套觀點，解釋工作在你心中的意義。你的工作觀可以解釋幾個問題：

- 為什麼要工作？
- 工作是為了什麼？
- 工作的意義是什麼？
- 工作和個人、他人、社會有什麼關聯？
- 什麼叫「好工作」或「值得做」的工作？
- 金錢和工作的關聯是什麼？
- 經歷、成長、成就感和工作的關聯是什麼？

「人生觀」聽起來好嚴肅、好崇高，但其實只是你認為什麼東西會帶給人生意義，哪些事讓人生值得活。答案八成與你的家人、

你的社區有關，也可能涉及性靈的層面。人生觀協助我們定義最重要的事，也可能回答以下的問題：

- 人活在世上是為了什麼？
- 人生的意義或目的是什麼？
- 個人與他人的關聯是什麼？
- 家庭、國家與世界上的其他事，對我的人生來說具有什麼意義？
- 什麼是善，什麼是惡？
- 世上是否有更崇高的力量，例如神或其他至高無上的事物？有的話，那對你的人生造成什麼影響？

　　清楚找出你的工作觀與人生觀是有用途的，除了可以活出具備一致性的人生，還可以避免不小心按照別人的工作觀與人生觀過活。是真的，我們一不小心就會活成別人的人生。我們的腦子裡有許多聲音，大聲代替我們發言——指揮我們該做什麼樣的人、該過怎樣的生活、該做哪種工作。一個不小心，我們就會拿著別人的羅盤，尋找自己的人生方向。

　　本練習的目標是達成一致性。舉例來說，如果你的人生觀告訴你，多和另一半、孩子及親戚們相處，才能帶來有意義的人生，但是你的工作好忙，於是你忘掉孩子的生日，老哥留言給你三個星期

了、你還沒回他，你一定會感到生活壓力，因為你的人生缺乏一致性。再舉一個例子，如果你的工作觀是你的工作應該能滋養靈魂，但你的工作形態是東接一個案子、西接一個案子；你發現錢多一點的案子，大多來自不環保的公司，你平常不屑購買他們的產品，那麼你一定會多花很多時間說服自己這不叫出賣靈魂。這個例子同樣是過著不一致的人生。

過著一致的人生，意思不是人生完美，每一天都過完美的生活，每一件事都配合得好好的。過著一致的人生，意思只是盡最大的努力，依據自己的世界觀與人生觀而活，至於該採用什麼價值觀，每個人不一樣；我們只要能確定「我們是誰」、「我們的信念」、「我們的謀生方式」這三件事能串在一起──就知道自己踏在正軌上，我們的羅盤正在發揮作用。

工作觀反思時間

想一想你的工作觀，寫下來，短短幾句話就夠了。不必寫成期中報告（我們不會替你打分數），但一定要寫下來，不只是在腦中想一想而已。請大約花半小時，努力寫下四百字──用不著半頁就能搞定。

人生觀反思時間

跟剛才的工作觀一樣,思考一下你的人生觀。也是不到三十分鐘左右就能搞定,寫下大約四百字。

你寫下的答案沒有對錯。你唯一可能做錯的事,就是完全不去思考。拿出設計師的精神,發揮好奇心,看看會找到什麼。你不必把答案念給別人聽(除非你想這麼做——分享價值觀具備強大的力量)。去做就對了。如果你和世上近七成的人一樣,對工作提不起勁,請盡量在本章的開頭,回答剛剛列出的幾點問題。你有可能幾分鐘內,就找出自己到底在糾結什麼。

麻煩拜託趕快現在就做這個練習。寫下你的工作觀和人生觀,比較一下兩者是否相輔相成,找出你在哪幾點過著一致的生活,哪些地方則沒有。

你會發現「原來是這樣喔」。

我們等你。

酒鬼不該在賣酒的地方工作

戴夫在九歲失去父親。失怙是他生命中不可承受之重。他好希望成長過程中能有父親,直到今天,他依舊感到生命中缺少了一

塊。從小到大，每當有人問戴夫，他長大以後想做什麼，戴夫的答案都一樣：

「我想當父親。」（儘管他也好想當海洋探險家雅克・庫斯托〔Jacques Cousteau〕。）

這可不是什麼早熟孩子說出的可愛答案。戴夫是真的很想當爸爸，他想當那種花很多時間陪伴孩子的家長。戴夫發誓，他絕不會像那些以事業為重的男人，他會把所有心力都放在家庭上，永遠以家庭為重。

然而，戴夫長大後在矽谷的高科技業工作，一星期工作五十、六十、七十個小時。他娶了老婆，組成家庭，但工作讓他必須天天在外奔波。在家吃晚餐幾乎是不可能的任務。他每天晚上十點才到家，孩子早就睡了。戴夫號稱想在家多陪陪老婆孩子，但他說一套，做一套。

戴夫試過很多早點回家的方法，但徒勞無功。人們說戴夫是工作狂，戴夫感到莫名其妙，因為他認識「真正的」工作狂，他根本完全不像那些人。他沒對工作成癮，也不會只關心工作和金錢，他百分百就不是那種個性的人。

只不過戴夫的確過著工作狂的生活。

他的人生缺乏一致性。

戴夫其實有注意力缺失症（ADD），也就是說他很容易分心，也很容易產生興趣，偏偏他的工作有很多有趣的事可做，他身

處一日千里的矽谷，工作地點是以飛快速度成長的新科技公司。換句話說，戴夫身處於誘惑重重的危險環境。

戴夫知道自己出了問題，沒有按照他的人生觀與工作觀過活，所以他遞出辭呈。他確定新工作可以讓他準時回家吃晚飯。

沒這回事。

戴夫又嘗試了各種辦法，換老闆、換職務，甚至換到新的產業，還以為那麼做，就能解決他「工作過度」的問題——他什麼都試過了。然而，江山易改，本性難移，戴夫還是戴夫。只要是聽起來有搞頭的新鮮事，他又一頭栽進工作，廢寢忘食。

最糟糕的是，就算戴夫真的在家，他也心不在焉，沒能好好陪家人。兒子想跟他玩，他卻在椅子上睡著，累到無法玩。戴夫小時候想當個好爸爸，卻變成他這輩子最不想成為的人。戴夫需要重擬問題，但問題太大，他不知如何是好，只知道自己絕對沒過著心目中一致的生活。

天有不測風雲，有時如果你不改變，老天爺會幫你指出一條新路。戴夫的媽媽得了癌症。戴夫知道母親時日不多了，他當時已經當到行銷副總裁，但他向公司請假，挪出一定的時間照顧媽媽。戴夫請假後，幾乎瞬間發現事情不一樣了。他好好陪伴媽媽，感覺自己做對了。出乎意料的是，他同時有更多的時間陪家人。生活終於感覺更具一致性，戴夫開始成為自己心目中希望成為的人。

其他的事情也跟著發生。戴夫以前在別間公司認識的雇主和朋

友，開始打電話給他，問他能不能花個幾小時或一、兩天，幫忙指導一些小案子。戴夫依據母親和家人的需求，接下幾個案子，有的則婉卻了。戴夫在做正職工作時，凡是公司指派的計畫都得接，沒有拒絕的餘裕。顧問的工作形式則不一樣，戴夫感受到受雇於公司時不曾感受到的自由。戴夫其實以前就考慮要當獨立顧問，但心中感覺不太踏實，不確定自由業有沒有辦法養家。如今他無意間替這種新型生活方式「打造出原型」（戴夫當時並未朝這個概念想，但其實就是在打造原型），試過後發現似乎沒有想像中可怕。母親過世後、該回去上班時，戴夫不曾再回去，當起全職的顧問。戴夫賺的錢變少，還放棄了好聽的頭銜，但他換回時間——有時間指導兒子的棒球隊，有時間和家人去度假，有時間教主日學。戴夫認識到自己有辦法努力工作，也喜歡做一大堆工作，但他不適合在公司上班。「零工經濟」（gig economy）才是最適合戴夫的生活方式，儘管當年還沒有這個詞彙。

戴夫最後接受自己確實是個工作狂無誤，只不過原因並非他熱愛工作，而是他停不下來。道理猶如酒鬼最好別在賣酒的地方工作，戴夫這種工作狂，不該在矽谷的新創公司工作，那種地方永遠沒有事情做完的一天。戴夫改行當顧問後，有辦法將工作觀與人生觀合而為一，解決自身容易工作過頭的傾向，所以他不曾回頭。

創造一致性

幾年前，戴夫到內華達州拉斯維加斯的In-N-Out漢堡店。他和當時十九歲的兒子在等漢堡時，和一位長程卡車司機聊了起來。卡車司機喜氣洋洋地告訴他們：「我出頭天了。我身邊沒人和我一樣，我過著世上最讚的日子。」司機先生說，他當了好多年跑單幫的司機，永遠在擔心下一個工作不知在哪裡，但他最近和某間公司簽約，開始跑固定的路線。他重新打造生活，新生活很適合他，固定一星期開兩千五百英里左右的路程，從太平洋西北地區出發，一路繞到美國西南部，接著回到懷俄明州鄉間的家。他家是一座小型農場，他現在有辦法一週在家待兩天半，週週見到妻兒。

這算是非常精彩的工作與生活設計！那位司機大哥是戴夫一輩子見過最快樂的人，賺的錢足夠生活花用，也享受自己的工作。司機先生和家人想出辦法，設計出讓全家都開心的工作，替戴夫的兒子做了很好的示範。

你可能不是負責長程運輸的卡車司機，但如果那位先生能重新設計出理想的工作生活，你也可以。你的挑戰是想辦法按照自己的羅盤走，替人生帶來一致性，和戴夫故事裡的卡車司機一樣，感覺過著適合自己的生活。

在這裡提醒一件事：現代職場上，人們冀望帶來收入的工作，也應該帶來意義。你投入你最關心的領域，還剛好因此賺到錢。許

多人覺得，尤其是千禧世代與Z世代，所謂完美的工作或是替他們量身打造的零工應該像那樣，既能賺到錢又有意義。

但那種工作只存在於傳說中。

沒騙你。

這些人似乎以為，你理應有辦法找到自己有熱情的事，還因此賺到錢，天天如此，每分每秒都能獲得龐大的收入。然而，多數時候那並不可能。即便是找到熱情的人，多數人仍然沒辦法靠熱情吃飯。

我們非常、非常遺憾，然而這個世界就是這樣運作——話說回來，面對現實也是達到一致性的方法。現在是該接受現實的時候了，戳破這個有點浪漫的工作想像，牢記工作不總是你期待的那樣。十九與二十世紀大部分的時期，人們的期待較為單純，你在一個地方賺錢，接著在別處找到生活。人類向來是那樣過活的，今日的你依舊依循這樣的步伐，況且我們猜想，今日大部分的人也依舊如此，只不過不肯承認罷了——這正是人們感到不開心的原因。

舉例來說，戴夫這輩子除了想當個好爸爸，現在還想當個好爺爺，他的「天職」是協助年輕人找到人生的目標、挖掘年輕人的「天職」。然而剛才提過，戴夫在一生的職涯中主要是以擔任顧問為生，協助年輕人釐清人生的目標其實是他的副業。事實上，一直要等到戴夫成為史丹佛大學的教師，和比爾一起成立「生命設計實驗室」（Life Design Lab）之後，才第一次因為做這份重要的工作賺到錢。

在本章接下來的段落，我們將繼續和「金錢與意義」這個兩難搏鬥（一招斃命，永遠打敗），協助你找出你想在哪裡工作，以及你想替世界帶來什麼樣的影響。

是說，你做這個能賺多少啊？

我們都被問過這個問題：**你做這個能賺多少？**（發問的人通常是無聊人士和閒雜人等，不過那不是本節要處理的問題）。不論你聽到這個問題會不會不舒服（大部分的人討厭被問），這的確是一個值得探討的主題。

你做這個能賺多少啊？（What DO you make?）

我們重擬這句英文問句——擴大這個問題所問的事，把重點放在**你完成了什麼**？設計師喜歡打造東西，我們也認為每個人都應該當「自造者」（maker）。好了，現在這個問題問的是「**你打造出什麼**」，而不光是問你打造出的量。愛因斯坦說過：「不是所有能數的東西都重要，不是所有重要的東西都能數。」這句話講得太對了，「數」金錢和意義的時候尤其如此。接下來，要請你換一種方式思考自己「打造」出什麼，弄清楚自己衡量的究竟是什麼。

金錢與意義是兩種不同的「打造東西」的方式，所以我們要來當聰明的自造者，解決「金錢vs.意義」的難題。我們來弄清楚，要如何衡量自己在工作與生活中的自造者身分。

　　在市場上，我們一般以**金錢**衡量產出。人們問起工作時，老是問：「你做這份工作能賺多少錢？」你賺的錢愈多，你在工作領域就愈成功，至少在多數以牟利為目標的「市場經濟」是如此。

　　接下來，我們會稱非營利的世界為「創造不同的經濟」（making a difference economy）。在這個世界，人們賺到的東西是**影響**（impact）。營利不是目標；終結瘧疾、教育孩子、改變世界等才是目標。

　　不論是替非營利或營利組織工作，多數人都在乎賺錢與否，也在乎是否產生足夠的影響力。想辦法維持正確的「金錢」與「影響」組合[2]，將讓人過著有意義的生活。

　　然而，也不只是這樣。我們發現大家在做工作觀與人生觀練習、打造自己的羅盤時，幾乎每個人都會提到，自己想以某種方式活得更有創意。大部分的人，即便工作與「創意」無關，也希望人生多一些創意。我們到各地和許多藝術家談過之後（對他們的需求抱持同理心），藝術家表示，他們最重視的事情是**表達**——他們靠表達來追蹤自己賺到什麼。

　　「我成功寫下劇本，**搬上舞台**。」

　　「我自費出版詩集。」

　　「我畫了一幅自己非常喜歡的畫。」

　　在藝術經濟或「創意經濟」（creative economy）領域，真正受重視的是呈現你的點子、你的創意產出，讓世界上所有人看到。

　　金錢、影響與表達——這是人們衡量自己賺到什麼的三種方式。這是「衡量」你有多成功的好方法。注意，這不是另一種假的二分法，也不是二擇一的狀況。找出適合自己的這三種指標的「混合」比率，將能提升你的成功感及幸福感，因此你要替自己想好「目前」適合的混合法：金錢、影響、表達，各占多少比重。

　　當你調整你的「自造者混音」（Maker Mix），你會過著**和諧**的生活，**聽起來對了**，**氣氛**也是對的。混音師在混出悅耳音樂時，他們抓到正確的旋律、聲音與氣氛。音響師使用的工具「混音器」長得像這樣：

　　厲害的音響師擅長把數十個音軌混成一首好曲子，但我們喜歡簡單一點；幸好我們發現，要調好自造者混音，基本上只需要三軌。你的「自造者混音器」（Maker Mix Board）像這樣：

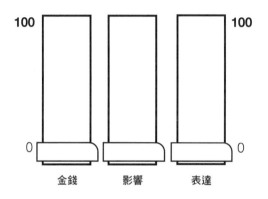

這個混音器上，有三種我們建議你衡量與調整的輸出——替市場經濟衡量的是威力強大的金錢；「帶來不同的經濟」的重點是影響；創意經濟計算的則是表達。如同我們設計的其他圖表工具，目標是協助你梳理細節，瞭解自己目前人在何方、明日想抵達哪裡。你憑直覺調整混音器的滑桿，直到感覺對了。你永遠可以選擇不同的混音——由你自己決定。沒有單位——只有零到一百的範圍。你可以獨立調整每一支滑桿。沒錯，我們知道三者間有時會彼此重疊（你帶來的部分影響，讓你拿到錢；如果你有辦法賣出你的藝術作品，你會藉由表達賺到錢），那也沒關係，但你不是為錢而畫畫，因此你的初心很重要。不斷調整滑桿，直到你的混音器感覺對了。

　　比爾到史丹佛大學工作之前，曾是四十人顧問公司的總裁。他喜歡和顧客合作，替他們解決困難的設計問題。比爾有時會感到，他的團隊在設計的產品有益於世界，有時僅僅是還不賴的產品設計。在顧問領域，你永遠在執行別人的點子，因此無法嘗試掌控影響與表達。比爾做那份工作的主要目的是以有趣的方式賺錢，他的整體自造者混音中（請見下圖）——賺錢的部分遠高於影響或表達。比爾覺得那樣無妨——以當時來講，還過得去。

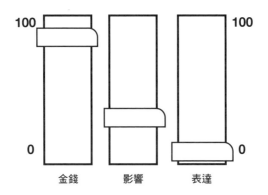

接下來，出現史丹佛大學的工作，比爾的自造者混音變成下頁那樣。他決定全職到校園教書時，薪水砍半，因此把「賺錢」調低到三十。相較於股神巴菲特（Warren Buffett），比爾賺的錢不多，但對他來講夠用了，況且這份工作讓他快樂。比爾靠教書帶來影響，目標是讓一千位聰明的設計師畢業，準備好解決世界上的棘手問題。截至目前為止，比爾已經朝那個目標努力了十二年，就快

要達成目標。他賺得影響力——成功在望，已經是很高的八成。此外，比爾未來的「工作」也正在成形——接下來幾年，比爾打算跳到「表達」的世界，全職擔任藝術家，靠寫作與繪畫「為生」。比爾為了替這個未來做準備，目前在離家四個街區的地方，也就是舊金山的多帕奇區（Dogpatch）成立了工作室，有時週末待在史丹佛，有時待在工作室，努力精進寫作與繪畫能力。比爾今日的自造者混音中，「表達」這一項依舊很低，但那是他做出的選擇，目前這樣就夠好。

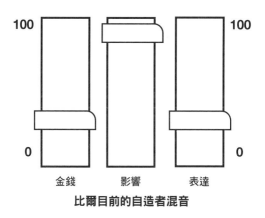

比爾目前的自造者混音

　　再提醒一遍，目標是一致性。你的目標與你的人生階段要相互配合。像比爾這樣的人，他們的人生可說是成功了，甚至是成功過人，因為他們是有自覺地做出自造者混音的抉擇。

　　我們相信你工作生活的幸福來自於覺察，覺察將協助你調整自

造者混音。萬一出問題，原因是搞砸了混音。依據我們的經驗來看，我們在工作坊與課堂上碰到的人士要是不快樂，問題都出在不同的評估方式全混在一起。他們的個人目標之間起了衝突。

　　舉例來說，不快樂的藝術家一般搞混了「表達的價值」與「賺錢的價值」，做出錯誤的比較：「我不開心是因為畫賣不出去。我希望我的表達有價值──具備金錢的價值。」

　　其他的例子包括，低收入地區的課後班非營利組織帶來重大的影響，讓孩童免於在街頭遊蕩、加入幫派，但組織負責人不開心，因為她希望薪水能和軟體開發者一樣好。她將「賺錢」與「帶來影響」混為一談。

　　反過來講也一樣。我們見過大型法律事務所的合夥人，收入高達七位數字，但人生悲慘，活得不開心，因為他認為從事法律這一行，本身就是一種帶來影響力的事業（為正義與小老百姓挺身而出），然而他絕大部分的收入都來自替汙染環境的大型跨國公司擬定合約。

　　在類似的例子裡，痛苦源自以錯誤的指標衡量你的成功。當你接受與理解自己是在玩什麼遊戲，不論是為了錢、影響力，或是為了表達（不論你從事哪一種工作，永遠是這三者的某種綜合體），你依據遊戲的規則，清楚知道自己重視的遊戲獎勵。不快樂來自你沒有好好找到正確的組合──當你試圖用高爾夫球的規則打網球，雖然可以令人捧腹大笑，但不會打出太好的成績。

　　一切都跟做出好的選擇有關，而好的選擇必須符合你的羅盤和你重視的事物。許多成功、快樂的藝術家、詩人、作家，那些生活在世上是爲了畫畫、押韻與寫作的人士，他們選擇追隨自己的心，不去迎合市場。如果他們在乎錢，在乎市場衡量價值的方式，將得畫出民眾想購買的東西（有沒有人買過那幅一群狗在打撲克的黑天鵝絨畫作？），也或者，他們得寫出知道會賣的故事（你點選過那種標題驚悚的八卦新聞嗎？名人打太多肉毒桿菌之類的？）。他們選擇不做這種事，聽從自己的靈感與熱情，而那項選擇通常代表他們無法變現自己的藝術。此外，由於這是他們自己選擇、具備一致性的人生設計，他們能夠接受或至少能夠忍受的程度，遠遠超過繪製醜陋的天鵝絨狗。

　　如果這是你做的選擇，你的人生會滿不錯的，甚至很棒，因爲那是你自己「選擇進入的」領域。

　　沒有什麼根本的理由，讓魚與熊掌一定不能兼得——至少在某種程度上，金錢、影響、自我表達，三者你都能得到一些。人類其實永遠都是這麼做的——設計出聰明的替代方案，結合自身的影響力與表達的需求，但多數時候又能靠著做喜歡的事謀生。這樣的人士創辦地方劇團，或是在社區成立美術工藝工作坊。這一類的事業通常是非營利組織，本質是爲了帶來影響力，提供社群寶貴的創意服務，同時也讓藝術家兼創始人有機會創作，滿足自身的表達需求。更棒的是，這些具備影響力、表達自我的聰明人士，有機會和

其他同樣熱愛藝術的人士交流。

我們的朋友詹姆斯是職業音樂家，他除了編寫並表演自己的創作（為了表達），還在其他三個樂隊兼差，在錄音室工作，錄製廣告配樂（為了賺錢）。詹姆斯總是說：「你可能不得不在一場又一場的婚禮上彈奏一千遍惠妮‧休斯頓（Whitney Houston）的情歌，但我寧願那樣，也不想做朝九晚五的工作。」詹姆斯的保險桿貼紙寫著：「最糟的音樂演奏日，也勝過最美妙的辦公室工作日。」

以比爾來講，等他日後成為全職藝術家，他的自造者混音看起來會像下面那樣，表達成為他「最大聲」的音軌。也就是說，比爾大部分的時間將待在工作室畫畫和寫作，那是他（接下來）所謂成功的定義。

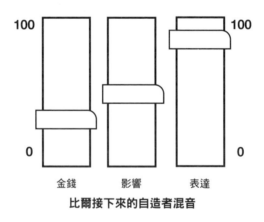

比爾接下來的自造者混音

最後再次提醒，重點是看你在世上做出什麼東西，金錢、影

響、表達是三項很好的衡量指標。留意你目前人在哪裡，接著設定
目標，找出自己想去的地方，然後出發。

無效的想法：當藝術家、舞蹈家、歌手、畫家、……（隨你填）
會餓死。

重擬問題：我知道「金錢 vs. 意義」其實是假兩難，我不會讓市
場定義我是誰、我能創造什麼。我可以決定自己需要多少分量
的金錢、影響力與自我表達。

畫出你的影響力

　　我們遇過成千上萬設計工作生活的人士，其中許多人為三大問
題所困擾：

　　這個地方真的適合我嗎？
　　這是適合我的工作／職涯／公司嗎？
　　這是否真的是我想帶來的貢獻與影響？

　　這一類的問題，全部與你扮演的角色有關，也涉及你的影響力

來自何方。你的影響力可能來自工作上扮演的角色、任職於非營利組織，或是做著無酬、不被視爲工作的事情。如果我們尋求一致的人生，生活中每件事都配合得天衣無縫，其實就是在尋求你會感受到自身影響力的人生，因此我們真的應該好好檢視自己所做的事（我們在世上扮演的角色），瞭解那個角色如何帶來我們想帶來的影響。我們試著和大家討論，什麼樣的事會讓他們的工作或角色產生意義；大家都回答，他們想知道自己做的事情以正面的方式影響這個世界，只是不確定如何才能得知自己辦到了。

　　因此我們設計出一種工具，協助你瞭解自己帶來何種類型的影響、範圍有多大──我們命名爲「影響圖」（Impact Map），就像下面這樣：

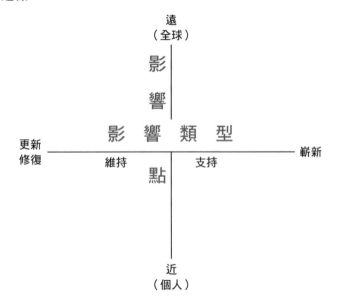

　　影響圖上有兩個軸，一個軸是「影響類型」，另一個軸是「影響點」，也就是影響的發生地。圖中基本上是三種你能替世界帶來的影響，沒有哪一種特別好或特別不好，只是性質不同而已：

- 更新與修復
- 維持與支持
- 創造嶄新的東西

　　如果你的影響屬於「更新與修復」，你就是在重建或修改世上現有的系統與工作。如果是「維持與支持」，你讓推動世界運行的系統順利運轉。如果你在「創造嶄新事物」，你就是打造全新的流程或系統。這三種帶來影響的方式是影響圖的水平軸。

　　垂直軸是影響點，也就是我們觸及這個世界的地方，有可能很近（個人），有可能很遠（全球），包括我們與世界連結的所有地方。離個人最近的影響點是一對一，與另一個人合作解決問題或提供服務。往上一層是與團隊合作；再往上是和機構或組織合作。如果你在體系與全球性的那一階工作，將是垂直軸上最高的影響點。

　　剛才提過，影響圖上沒有所謂「好」的象限，單純看你在什麼樣的地方工作、你在組織中扮演的角色。不論是營利或非營利，你待過的任何組織都能畫上去。你扮演的每一種角色，也全部能放上影響圖。影響圖協助你整理過去的工作資訊，目的是辨認出模式，

找出什麼樣的角色最能帶給你滿足感。

在下頁的影響圖，我們放上的例子包含某投資銀行體系的分析師A，她平日依據財務估算系統，分析眾家企業。A十分滿意這份支援銀行的工作，平日負責增加銀行的效率。這個角色帶來的影響是提供機構層級的支援。蓋茲基金會（Gates Foundation）的瘧疾計畫負責人B，負責管理讓全球永久擺脫瘧疾的計畫。B的職責是在全球的層級解決與修復這個世界──如果你喜歡在大型體系工作，那會是成就感十足的角色。我們的腦外科醫師C也是在修復；如果C幫你拿掉腦中的腫瘤，他做的是非常、非常重要的事，但他一次只能為一顆大腦動手術，他的工作只停留在個人層級，也並未創造出新東西，因此C落在左下角的象限。不過，很多病患告訴這位醫生，他深深影響了他們的人生！遊民中心的廚師D，照顧生活碰上重大困境的民眾，填飽他們的肚子。D解決饑餓問題，一次幫到一名遊民，但也和一小群人合作，教大家烹飪，因此他把自己擺在修復與支援的中間。負責Google自動車開發計畫的工程師E，努力讓成千上萬的人有一天不必開車，從根本上打造新形態的機動性，可說是前所未有。她落在「嶄新」與規模屬於半全球的地方（影響力還不及全球的程度，因為世界上仍有許多角落的大量民眾無福使用柏油路）。

我們在史丹佛教學時，從事相當新穎的工作。在大多數學校，我們談的東西──生命設計，算是相當新的概念，也因此我們把自

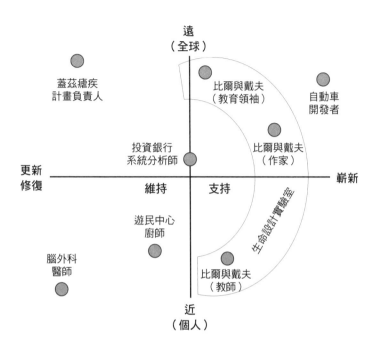

己放在水平軸上靠近「嶄新」的地方，以及「團體」層級的影響點。然而，我們也花時間和全國各地的教師討論，開設工作坊，協助其他大學在校內開設「做自己的生命設計師」課程。生命設計在高教世界，幾乎屬於絕對前衛的新東西，因此這個領域的性質極度「嶄新」。而且我們正朝著更大的規模前進，來到機構的層級，因為「史丹佛生命設計實驗室」訓練其他大專院校數百位的教育與行政人士，小幅改變了高等教育。而身為作者，我們的書在全球出版，於是我們在影響圖上扮演好幾種不同的角色。

　　以剛才提到的所有例子來說，同一個角色有可能放在好幾個不同的位置。此外，你在目前的工作中，八成扮演了不只一個角色。畫出你屬於的類型與影響點，目的是找出能否以任何模式，解釋你如何定義及體驗其中某個角色帶來的影響，而事情又是如何隨著時間變化。

　　舉例來說，我們訪問遊民中心的廚師時，他明確指出自己需要和服務的對象，必須有某種程度的一對一連結，才有辦法感受到自己帶來的影響。「我試著在機構層級工作。有一陣子，我是食物銀行的主持人，那是非常重要的角色。我募款，呼籲民眾關心遊民問題。我擔任機構主持人時餵飽的人數，大概多過擔任廚師的時候。然而那個職務不適合我，於是我自請降職，回來當廚師。如此一來，我更能看到吃我煮的東西的人臉上散發的喜悅。當你協助遊民的方式，不只是端給他們一碗湯，還協助他們學習如何替兩百人煮湯，你給了他們持久的希望和愛。對我來講，感受到自己帶來的影響很重要。」

　　此外，我們想像如果和蓋茲基金會的瘧疾研究計畫主持人聊天，他們會說：「我仰慕在非洲農村工作的同仁，他們把我們的蚊帳交給高瘧疾傳染率的地區。他們在艱困的地區行善。然而，那不是我負責的工作。我知道我帶來的影響是確保蓋茲夫婦捐贈的數百萬美元，以有效的方式花在有用的地方。我對數字很在行，也和大型體制打過交道；由我擔任計畫主持人，最能發揮我的招牌長處。

這是我的人生使命。」

　　你看，這兩個人在很不一樣的影響點，扮演著非常不同的兩種角色，但兩個人都心滿意足。我們希望你也能對自己的人生感到滿意，因此本章接下來的牛刀小試，會請你找出自己的影響落在哪裡，看看得出什麼樣的心得。

　　等你清楚自己在世上做了什麼，也明白自己想在哪方面帶來影響，同時確保那樣的工作行得通，並且設計出你想要的人生，一路上依然會有許多有趣的問題等著你去解決。

　　好消息是設計師熱愛問題。

　　設計師面對反覆出現或難以解決的問題時，他們做的第一件事，就是設計出更好的問題。我們稱之為「重擬」。設計師永遠都在重擬，你也做得到。

牛刀小試

注意：開始試用自造者混音與影響圖這兩樣新工具前，先確認已經備妥能好好引導你的羅盤。打造羅盤的方式是寫下工作觀與人生觀，檢視兩者間的一致性。工作觀與人生觀沒有好壞可言，只要你寫下的東西真實反映出你的感受（絕對要極度誠實──寫下你依據現實得出的工作觀與人生觀，而不是你嚮往的境界），那就是不錯的起點。我們建議大約每年回顧一次你的羅盤。每當你考慮做出重大改變，如換工作／轉行、搬到新城鎮，或是展開人生新頁之時，就回頭看一看。那是精確羅盤最能發揮功能的時刻。

有了精確羅盤在手後，做做看以下兩個練習，協助你解決「金錢、影響與表達」的難題，判斷在世上的哪個角落，你八成會感到自己能發揮最大的影響力。

自造者混音練習

1. 本練習的目標，將是主觀評估你目前的人生，你做到多少程度的「賺錢」、「帶來影響」與「表達自我」，也就是你的

自造者混音的現況，找出你有什麼感受。視覺化的方法很簡單：以自造者混音器呈現目前的人生混合狀態。再次提醒：沒有所謂的正確答案——各式各樣的混合法都很好。如果是「大量表達＋少量金錢」，或「大量金錢＋少量影響」，只要聽起來或感覺對了，你的滑桿就處於正確位置。此外要記住，你的金錢／影響／表達混音器上的滑桿位置，依據的是你直覺感到「自己在這裡」的實際情況。

2. 用幾句話，寫下你在「賺錢」、「帶來影響」、「表達自我」這三方面目前的情況。

3. 以你目前的情況，調整自造者混音器每一排滑桿的位置。[3]

4. 問自己，你的混音器帶來什麼感受。

5. 好了以後，打造出你想要的混音器：以你認為做得到的步驟，達成更好的平衡，過著更為一致的生活。

6. 腦力激盪出幾個你想做的簡單改變，想辦法調整滑桿。

7. 想出幾個你想嘗試的簡單原型，微幅調整滑桿的位置，改變你的金錢、影響與表達的混合配置情形（複習第一章的「門檻放低法」）。

自造者混音練習頁

本圖是三種「自造者產出」的滑桿——我們要替市場經濟調整混音中的「金錢」這一項;替「帶來不同的經濟」調整「影響」;創意經濟則是調整「表現」。如同本書其他的圖表工具,練習的目的是協助你瞭解目前的所在地、你明日想抵達哪裡。靠直覺移動滑桿,不斷調整金錢、影響與表達的混音,直到感覺對了。音軌上沒有刻度——只有 0 到 100 的範圍。

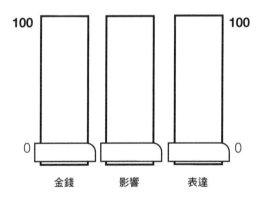

現在設計你未來想要的混合狀況。你為了付學貸,把「金錢」這一項提高兩倍? OK,那就把滑桿往上推。另一種可能是,就你目前的人生階段來講,影響與表達才是「你希望獲得的報酬」。不論要怎麼混,調整成適合自己的狀態就對了。

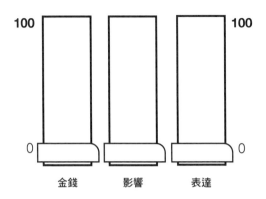

寫下三件事，協助自己朝希望的「自造者混音」狀態邁進：

_____

_____

_____

_____

_____

_____

_____

_____

_____

現在出發，嘗試一、兩個原型，把你的自造者混音器調整到新的狀態。你是否成功挪動了滑桿？是否發生出乎意料的結

果？新的混音「聽」起來如何？人生是否比較能靈活舞動了？你開始發現生活中需要更多的表達嗎？（畢竟你是個有創意的人，對吧？）你弄清楚金錢對你有多重要了嗎？（結果沒你想的那麼重要！）你是否小心留意出現在自己答案中的享樂跑步機？小訣竅：享樂跑步機的負面面向，通常與累積錢財有關，因此要留意那個音軌。

向自己確認答案。每隔一段時間，或是每當感覺生活的一致性似乎出了點差錯，就更新這個簡單的自造者混音器。在超級忙碌的現代職場，我們很容易走音。蘇格拉底談的「經過審視的人生」（你懂的，言外之意是「值得活的人生」）需要定期檢查——這個「金錢／影響／表達自造者混音」，是另一種回答「最近過得如何？」的好方法。

畫出你的角色練習
影響圖練習頁

列出四到六種角色（過去、現在、可能的未來）。

同一份「工作」有可能具備數種潛在的角色，每一種位於圖中不同的位置。

_____

_____

_____

_____

_____

_____

找出你的角色屬於圖中的哪一個位置。

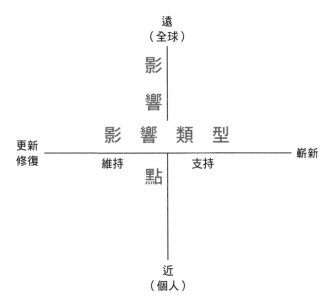

反思：

你留意到什麼？

這個圖帶來什麼洞見？

哪些問題浮出水面？

_____

_____

_____

_____

_____

_____

_____

1. 列出四到六種你可能擁有的角色。別忘了，你的工作可能需要你扮演多種角色。你可能身兼生產助理、企畫與企業文化委員，因此必須確認清單上列出你扮演的所有關鍵角色。你也可以列出先前的角色。事實上，最好也想一想你從前扮演過其他哪些角色，找出那些角色落在圖上何方。你甚至可以想像未來擔任的角色。《做自己的生命設計師》中的奧德賽計畫練習，替你未來五年的人生，想像三種截然不同的版本。如果你做了奧德賽計畫，別忘了把各種點子的相關角色，也放上你的影響圖。

2. 現在找出你列出的角色，每一個該放在影響圖上的哪個象限。沒有哪個象限比較好、比較棒，或哪一個是第一名的區別。我們很容易認為，影響力大、創造新東西是比較好的象限，沒這回事。消滅世上瘰疾的影響力，並未「大」過擔任腦外科醫師，尤其如果你就是那個腦袋被醫生治好的患者。圖上沒有所謂的「好地方」。水平軸上從「更新與修復」、「持久與支持」、「創造新事物」的觀點來思考。垂直軸上是你從親密到個人，再到全球的影響力。或許你是研究街友個人史的社工——那屬於一對一。或許你替遊民募款——那在 Y 軸上方一點的地方，更接近區域性的影響。在聯合國沒窗戶的地下室，寫下阻止性販賣的政策，屬於國家、甚至全球的層次；如果適合你，那將帶來難以言喻的滿足感。我們有一位學生在一段時間內，所有層級的工作都做過。他先在星巴克當店員（支援每天喝咖啡的個人需求），接著擔任一一九緊急事故接線生（搶救小鎮的火災與犯罪），最後成為國家健康政策發展員（想新方法提升五個城市的居民健康）。沒有所謂的壞落點，一切都看適不適合你而已。

3. 你畫出角色落在哪裡後，[4] 下一步是留意事物（在任何改變的流程中，覺察都是第一步驟），問自己幾個問題：

　。我留意到什麼？圖上的資訊是否具有任何模式？

　。這帶來哪些洞見？

。 在這個練習中，哪些問題浮出水面？我目前比較好奇哪件
事？

檢視你的影響圖之後，是否帶來任何啟發？你發現哪種角色
很適合自己？圖上是否有你從來不喜歡的角色？或是你以為某個
角色不重要，但這下子發現影響力其實很大？如果你討厭的工作
全落在同一個象限，那是需要留意的重要資訊。寫下你的影響圖
所帶來的反思。

人會變，當你扮演不同角色時，需求與能力會跟著改變，而
你感受到的影響也會變。記得要對這個練習揭曉的事情抱持好奇
心。如果你發現自己偏向某個象限，例如：我完全只想做個人／
嶄新象限的工作，那就找尋自己需要學習那個象限的哪些技能。

這個工具讓你更清楚如何設計角色及工作，確保自己感受
到意義與影響力。你也可以利用這個工具，重新設計你現有的角
色，改變那個角色的影響點或帶來改變的程度。

3

問題究竟是什麼？

無效的想法：我不可能克服工作上的問題，完全卡住了。

重擬問題：永遠不會有完全卡住這種事，因為我知道如何把所有的事重擬成「最小可行動問題」（Minimum Actionable Problem, MAP）。

我們試著設計更快樂的人生、更好的工作時，最好不必麻煩到需要換工作、搬到其他城鎮，或是動抽脂手術。換句話說，我們都必須試著處理工作上遇到的問題，此時必須問：

問題出在哪裡？

上一章提過，設計師熱愛問題。這裡要提醒大家，人們有時會浪費幾天、幾星期、幾個月、幾年，甚至是人生中的數十年，一直在解決錯誤的問題。找出究竟該解決工作上的哪一個問題，或許是你在設計工作生活時最重要的決定。

重擬的藝術

有效**找出問題**的技巧有很多種，也就是判斷該從哪個最有效的問題著手，最可能帶來大量良好的解決方案。學習**重擬**的藝術，找出更好的問題，以目前來說是你的生命設計技巧中最關鍵的一環。優秀設計師永遠擅長重擬。他們的口頭禪（幾乎到了煩人的程度）是「嗯……如果我們改成**這樣看**的話……」，接著他們會描述看待手上問題的新方法。當你這麼做，有望解決問題的新方法幾乎就會立刻浮現。

重擬是一種技巧，也是設計的超能力。

我們永遠會被問到：「你們是怎麼**做到**的？」

「這是魔法。」我們瀟灑地拋出這句話。

好吧，這不算魔法，但是當你完全卡在某種問題，有人帶你重擬，然後一切豁然開朗，那感覺幾乎就像是魔法。讓人頓悟的重擬感覺上的確很神奇──提出重擬的那個人彷彿法力無邊的魔法師。

到底什麼是重擬（reframe）？重擬就是再來一遍，重新打造看問題的方式。

我們在定義問題時，永遠在「給一個框架」（framing）──在問題的四周加上盒子（框架），定義盒內是什麼，以及「盒外」是什麼──這很重要。問題一旦框架好，就能進入那個框架，開始解決它。

進入盒子：英文諺語老是要人「跳脫盒子思考」，強調「在盒外思考」（think outside the box），聽上去像是能在完全不受拘束的情況下，以有創意的方式思考。我們被呼籲要「丟掉盒子思考」（unboxed），但世上的事不是那樣運轉的，永遠都有個盒子。盒子的存在有其必要——你的大腦不可能在同一時間，存在於宇宙的所有地方（所以英文諺語也說：克制好你自己！〔Contain yourself!〕）。

創意的重點是試試看如何框架你的盒子，看看你要如何在那個框架內「玩耍」。

<u>步驟1</u>：接受永遠有個盒子。

<u>步驟2</u>：提醒自己，框架問題就是在製作盒子。當你需要更能幫上忙的全新解決辦法，就可以改變框架。

最小可行動問題（MAP）

很多問題聽起來無解，例如我們認識一個叫伯尼的人，儘管他大致喜歡大型運輸公司的工作（我們不能透露是哪一間），但有一個困擾他多時的問題。「反正我主管就是個爛人。」伯尼表示：

「不管我再怎麼努力工作，也永遠得不到他的賞識。」我們隨時會聽到有人在講這個問題，框架的方式幾乎永遠和伯尼如出一轍。然而，那其實是個有問題的「問題」，需要重擬。究竟該如何重擬，要看你實際碰上的狀況（順道一提，重擬永遠得看實際情況：沒有那種治百病的重擬。著名建築師密斯・凡德羅〔Mies van der Rohe〕是全球第一間設計學校包浩斯〔Bauhaus〕的校長，他有一句名言：「上帝存在於細節。」）

重擬存在於細節。

你可能聽過MVP，也就是「最小可行產品」（Minimum Viable Product）的縮寫。在創新與創業的世界，MVP是重要概念。新創公司知道，把新產品推到市場上非常、非常困難，也因此沒事不要雪上加霜——你打造第一個產品時，產品只需要具備一切有價值（可行）的功能，其他的不要放。那是個好概念，也能應用在重擬上頭，只不過我們不稱作MVP，而是MAP，也就是「最小可行動問題」（Minimum Actionable Problem）的縮寫。一旦你重擬重大的棘手問題，變成最小可行動問題，就能著手解決小很多、更好處理的問題。

人生本身已經夠難了，我們是說真的，如果每個人的人生都很完美，工作都沒煩惱，沒人會讀我們寫的書。不要沒事把自己的問題搞大。就和第一章所談的一樣，碰上問題時，你要放低標準，解決掉問題，一遍、一遍，再一遍。

　　我們發現伯尼這種所謂「無解的問題」，通常：（一）真的無法採取行動，只能接受，屬於無法行動的問題（我們稱之為「重力問題」，因為重力無從解決，只能接受重力的存在），但也有可能是：（二）以不佳的方式框架的問題，有辦法重擬為更容易採取行動的方案。

　　我們真正要討論的是第二類的問題。所以來吧，學習重擬的藝術不需要花錢，就能重來一遍。你需要多練習幾遍，才能抓到訣竅，勤能補拙（就和所謂的魔術一樣，一旦理解背後的手法，你也能變出魔術）。

拉近鏡頭聚焦

　　戴夫擔任獨立管理顧問的資歷已經超過二十五年，他知道關鍵是在任何專案的開頭，全面、深入地分析情境。戴夫成為某種情境分析專家，執業這些年來，歸納出一套十分複雜的分析法，不過整個過程濃縮後，其實就是問兩個問題：

顧問大師戴夫發問的問題＃1：怎麼了？

　　（接著，戴夫聽客戶給的以下省略十萬字的答案。戴夫停下來想了想，接著問第二個問題。）

顧問大師戴夫發問的問題＃2：好，那實際上發生了什麼事？

　　說穿了，就是這樣而已。在所有人卡住、壓力龐大的情境中，

得到問題一的答案並不難，那也確實是正確的起點。戴夫會問「怎麼了」，同時開始寫筆記。聽了三分鐘、五分鐘或四十五分鐘後，進入他的分析中相當策略性的環節，拋出一針見血的問題：好，那**實際上發生了什麼事**？

數十年來，戴夫用來調查情況的問題二，有大約九五％的時候會立刻找出真正的問題。大多數的情境同時具備心理學家所說的「表面上的情況」（presenting situation）與「隱藏的情況」（underlying situation）。問題一讓客戶說出表面上的情況，問題二則帶出隱藏的情況。

以上是你得出新MAP的方法，也就是你的最小可行動問題。

學習如何重擬某件事的時候，首要的關鍵是區分「發生什麼事」與「**實際上發生什麼事**」。訣竅是先把鏡頭拉近，去掉第一個答案中不必要的部分。接下來，為了擺脫你可能扛著的任何包袱，你把鏡頭拉遠，找出真正發生的事。以剛才伯尼的例子為例：

步驟一：詢問問題＃1：怎麼了？

伯尼的答案：「反正我主管就是個爛人，我在公司永遠得不到賞識。」

步驟二：聚焦，去掉不必要的情緒。

先從這個問題開始：伯尼的問題敘述中，摻雜了哪些個人偏見、自行假設的反應，或是他早已認定的解決辦法，不必要地讓他心很累？對了，先提醒一下，不要批評伯尼，也不必批評自己讓事

情不必要地複雜。我們在陳述發生什麼問題時，自然會混進一些誇
大的說法與情緒。爲什麼？因爲我們是人。伯尼已經不快樂一段時
間，痛苦滲進了他的問題。不過，我們雖然尊重伯尼有理由發洩沮
喪的情緒，我們也要誠心提醒，你在敘述問題時，萬一加進額外的
情緒，你會無法專心設計出路。也因此，重擬的關鍵步驟是客觀分
析，聚焦於眞正的問題。

　　現在來看看我們拉近鏡頭後發現的事情，來一點冷靜、鎮定的
客觀分析：

誇大的情緒元素＃１：爛人

　　爛人是伯尼對主管做出的性格評價。主管眞的是爛人嗎？還是
主管只是沒給伯尼意見回饋？此外，伯尼的目標是讓工作變好，罵
主管是爛人，能協助他想出可能的解決辦法嗎？以伯尼的例子來
說，他的主管努力工作，甚至稱得上很拚，私底下大概也以和善的
態度對待孩子和寵物，但主管的社交智商／情商不高，給不了伯尼
期待的那種回饋，這方面伯尼的主管的確做得很糟。伯尼或許不喜
歡主管──如果所謂的**喜歡**，是伯尼享受和主管一起去喝啤酒或打
保齡球。然而，那跟性格有關，跟我們這個「拉近鏡頭」的分析無
關。客觀上來講，伯尼的主管回饋的技巧不佳，但說他整體而言是
個爛人，沒辦法協助伯尼找出解決問題的方法。

讓我們刪掉「爛人」兩個字；那種敘述帶來不必要的偏見。

誇大的情緒元素 #2：反正就是個爛人

請大聲說出：「反正我主管就是個爛人……」，重重強調反正這兩個字。快快快，現在就講出來，聽見了嗎？再試一遍。聽見了嗎？——你說出**反正**這兩個字的時候？那是相當銳利的字眼，那兩個字在強烈暗示，伯尼的主管隨時隨地、每分每秒都是爛人。那是很重的話，八成還有點不公平。不過，你確實可以合理判斷事情不太可能改變，大概最好別預測近期會出現重大的「回饋轉變」。總之，去掉情緒和誇大的部分，說出實際的情形就好：伯尼的主管不擅長回饋，這點大概改不了。這樣的敘述，和「反正我主管就是個爛人」這般完全無藥可救的狀態，差別很大。

誇大的情緒元素 #3：就是永遠得不到任何的……

「永遠——任何的」是伯尼不理想的問題陳述中最為情緒化的部分。怎麼說？因為這種不留餘地、一律如此（**永遠**與**任何的**）的敘述，暗示著兩件事：一、工作上唯一真正的賞識，一定只能來自一個源頭：自己的主管。二、要是主管不誇獎伯尼，伯尼就「永遠得不到任何認可」，百分之百沒有商量的餘地。「永遠得不到任何

的……」幾個字，其實是把伯尼的問題升級成更大的問題，你不想看到這個狀態，而且不必要，也不正確。

換句話說，我們這裡還碰上「船錨問題」（anchor problem），因為伯尼陳述的問題中，已經放進他想要的解決辦法——本章稍後會解釋什麼是「船錨問題」與「重力問題」。你讀了之後就會知道，框架不好的問題有大半要如何重擬。

步驟三：詢問問題＃2：實際上發生什麼事？

現在我們要問：實際上發生什麼事？這是關鍵步驟：經由步驟二得出的洞見，能夠重擬描述問題的方式，定義出全新的最小可行動問題。正確的重擬方式有很多種，不必擔心到底有沒有擬對，只要能採取行動就好。

我們「d.school」（史丹佛大學「哈索普拉特納設計學院」〔The Hasso Plattner Institute of Design〕的簡稱）在重擬問題時，喜歡從問一句話開始：「我們如何能（替團隊）……」或「我如何能（替個人）……」。以不鎖定方向的正面方式開始一句話，一般將帶來更有發展且能發揮創意的可能性。以下三種重擬方式，讓伯尼有可以操作的最小可行動問題／MAP：

- MAP 1：主管很少給我正面的回饋，「我如何能」從組織的其他人那裡，獲得明確的讚賞？
- MAP 2：我主管有許多優點，但不懂得感激他人，「我如何能」從其他我敬重的人士那裡獲得肯定？
- MAP 3：我的雇主採取的管理方式，不包含正面的回饋，「我如何能」重擬工作的滿足感，領到薪水，並且在辦公室以外的地方尋求肯定？

MAP 1帶來數個值得留意的原型可能性。伯尼可以和組織裡的其他經理喝咖啡，找出他們是如何給予回饋。伯尼可以從自己參與的計畫著手，請專案經理回饋。此外，伯尼也能以身作則，給合作者回饋，和所有自願參加的同仁（必須徵得同意）做「三六〇度回顧」（360 review），示範他心目中的理想管理方法。

MAP 2讓伯尼拓展可能的回饋來源。他想起念商學院時，有一位他很喜歡的教授，兩人偶爾會一起喝咖啡。伯尼決定記錄下工作成就，請以前的教授提供一些客觀回饋。此外，伯尼也重視某位研究所好友的意見，那個朋友先前開了公司。伯尼決定請教朋友，他的工作品質是否符合新創公司的標準。伯尼需要回饋意見，而教授和開公司的朋友都能提供可靠的建議。

請留意MAP 3當中，伯尼依舊認為「誇大的情緒元素＃3」是真實的──自己永遠不會在工作上得到感謝，因為主管不會那麼

做。此外，伯尼顯然認為，他主管的行為是全公司的管理常態。如果真是這樣，伯尼只需和其他部門的同仁聊一聊，就會聽見同樣的事情，那麼或許MAP 3是合理的重擬。在這間公司獲得賞識是重力問題（又來了──別擔心，後文會解釋這個詞彙）──無法行動，真的是伯尼的公司文化中負面的部分。伯尼**接受**那一點後，就能專心重擬新的最小可行動問題，在其他地方尋求讚賞。在MAP 3，伯尼接受公司文化的限制，不再抓狂，把部分精力（渴望獲得賞識）用在工作以外的地方──用在家裡、當一個好爸爸、當教練、參加讀書會、上教堂，或是在其他的團體或社團發光發熱。

最基本的一件事就是，伯尼其實可以用許許多多的方法，獲得回饋與欣賞（或是任何他希望得到的東西）。以上三種最小可行動問題的重擬，立刻帶來伯尼可以嘗試的原型，於是他有了可以採取的行動，不再卡住。

加分題：鏡頭拉遠── 實際上到底發生什麼事？

許多重擬（不是全部，但很多都是這樣）還會順便帶來小小的額外好處。加分題分析能協助你擺脫某些包袱──那些已經拖累你好長一段時間的東西，躲在你的重擬步驟二的情緒元素裡。竅門是懂得如何運用好奇心把它們找出來。

以剛才的例子來講，誇大的情緒元素包括「爛人」、「反正就是個爛人」、「永遠得不到任何的……」，這些不是問題的客觀元素，而是把問題加進情緒能量的元素，通常會害得問題更加難以解決。由於這些一點一滴累積的情緒不是隨機發生的，若能進一步找出它們與問題的連結，我們將獲得額外的加分。

所以說，你首先拉近鏡頭，現在則要拉遠。我們尋找減少包袱的作法時，第一件事是採取設計師的好奇心態。伯尼這麼做的時候，心裡想著：「呃……我在想這事情當中，我不爽主管的負面感覺，有部分或許跟我主管本人無關。或許根源出在別的地方？」那樣的態度（不預設答案、從好奇心起步）讓伯尼問出下一個問題：「假設真是那樣，所有這些負能量到底來自於哪裡？為什麼我主管的問題會踩到我的地雷？」

伯尼的發問讓他得以開始反省自己。你也可以這樣做。你可以和伯尼一樣，想一想你的地雷是從哪來的，在日誌裡寫下一些想法，散個步，或是問問你的寵物狗是怎麼想的——只要是適合你的方法都可以。探究你的內心，看看發現了什麼。卡住的情形中，激烈的情緒元素經常與我們的舊包袱有關，包括尚未完全復原的舊傷、就是無法不敏感的事、尚未有人說服我們拋掉的偏見等等。

以伯尼的例子來講，伯尼問自己，為什麼沒被賞識讓他有這麼激烈的反應，這股情緒究竟是打哪來的。伯尼想起他的童軍老師，那位老師從前加入過海軍陸戰隊，很喜歡對著穿童軍制服的小朋友

大吼大叫，命令他們做事。就算打死那位童軍老師，他也不可能好聲好氣地稱讚孩子「做得好！」或「嘿，厲害喔！」。偏偏伯尼十二歲時性格有些膽怯，那位童軍老師不會讚賞人的風格，深深影響了伯尼幼小的心靈。

戴夫碰過同一類型的童軍老師，他的老師也是海軍陸戰隊隊員，打過第二次世界大戰，經歷過美國在二戰時期最血腥的「突出部之役」（Battle of Bulge）。萬一你在森林裡迷了路，身上只有一把小刀和鞋帶，你絕對會希望那位強大的童軍老師就在身旁，但不要期待他這輩子會稱讚你或肯定你，他完全不是那類人。幸好，戴夫這個人很會重擬問題，即便是在老成的十二歲也一樣。「老師是個惹人厭的硬漢，我希望他人好一點，但我認識的好人已經很多了。我真正需要的是有人教我如何登山、如何在野外照顧自己，這個人絕對能勝任這個任務！史密斯老師，謝謝你當年所有的扎實訓練！」

伯尼發現自己會對公司這麼敏感，或許和不好的回憶有關：他從前也碰過缺乏感激技巧的領導者。如果是這樣，伯尼主管的領導風格的確不大稱職，但伯尼從前得不到回饋的經驗，放大了他的反應，雪上加霜。

好了，以上是加分題的分析。

大型重擬
拉遠鏡頭的雙重加分

假設在伯尼的鏡頭拉遠分析中，他一直注意「永遠得不到任何的……」這句話，尤其是「得到」這兩個字。在伯尼最初的重擬分析中，這兩個字原本不重要，但現在突然映入眼簾：

嗯……得到……得到……得到……等等！我知道了。要得到某樣東西的話，得有人提供，對吧？就是那樣。我想得到毫不保留的稱讚，最好是沒要求就得到，突然間有人讚美我。我真正想要的其實是不必開口就得到讚賞。現在想一想，我心中最美好的鼓勵來自於三年級的鄧利維老師。鄧利維老師超棒的！我永遠忘不了，有天下課時間結束時，大家走回教室，鄧利維老師遠遠看見我，突然在所有人面前大聲說：「喔，伯尼！我剛剛讀到你寫的作文，寫得太好了。親愛的，做得好！」哇——那是我人生中最美好的一天。

就這樣，伯尼突然懂了。他在等上司和鄧利維老師一樣誇獎他，不論誰是他的上司。從某種層面來講，我們不都一樣，在等待鄧利維老師這樣的伯樂？

不幸的是，這種上司很罕見。伯尼的結論是，他等伯樂出現已經等得夠久了，他準備好換一種方法，因此再度拿出好奇心（好奇

帶來無窮的樂趣），和同事巴斯朗討論「缺乏回饋」的問題。巴斯朗告訴伯尼，自己完全能掌握兩人共同的主管對**他的**工作表現有何看法。事實上，巴斯朗得以在每個月和主管一對一的晤談中，回顧自己的職業發展目標。巴斯朗主動要求和上司見面，並沒有等著上司主動提出。巴斯朗要求得到回饋意見——然後就**得到了**。

伯尼心想：**可是那不是我要的那種回饋，我想要沒主動要求就得到。**伯尼喜歡的是從天而降的回饋，像鄧利維老師那樣的舉止。伯尼猶豫：如果還得開口討，那是真的理想回饋嗎？

在那個瞬間，伯尼突然明白，他又來了；他在描述問題時，早已放進自己偏好的解決方式（……不用他要求就冒出來的回饋，才是「好」的回饋），因此也沒機會得出有辦法行動的解決方案。

伯尼的目標是不再卡住，打造出一條路，邁向更好、更開心的工作生活。他的設計目標應該放在有辦法行動，而不是完美的結局。天上掉下來的回饋或許很棒，但伯尼明白上司偏偏不是那種性格——如果巴斯朗能得到想要的回饋，只因為主動開口，他也能依樣畫葫蘆。

他可以開口要回饋，然後就得到？

天・啊！真・是・出・乎・意・料。

或許不是所有問題永遠能迎刃而解，但有時候就是那麼容易。就那麼簡單發生的時候，你會突然聽見鈴聲響起，叮叮叮！中大獎，雙倍紅利！

你替重擬過程做鏡頭拉遠的反思時，偶爾會中大獎，獲得雙倍的重擬紅利。你會和伯尼一樣，發現只要開口，就有機會如願以償。

這樣重大的重擬突破，不會太常發生，但真的出現時威力無窮，瞬間讓人海闊天空。

鏡頭拉遠的加分反思過程，讓你得以跳脫老問題。重擬問題後，如果你找到躲在角落的舊包袱，或許擺脫包袱的時間也到了。當然，這完全看你要不要做——畢竟這只是錦上添花。

人生是多重選擇題

現在你學會了重擬，也重新定義了問題——你有了嶄新、小到可以採取行動的問題／MAP之後，現在該怎麼辦？嗯，你唯一要做的事，就是不要試著解決這個問題。沒錯，你沒聽錯。真實的問題大多無法解決，至少不會有太多人希望的那種一勞永逸的辦法。人生不像代數：

請解出這個方程式，找出X是多少：3X+2=11

解答：X=3

那個很棒的明確數字3，是你完全能仰賴的解答。你看著3，你**知道**3就是**正確**答案，你的問題完美解決了。問題出在依據我們的經驗，生活要求我們發揮創意、解答與重擬的有趣問題，鮮少能夠那樣解決。大多數時候，我們頂多做到「目前暫時」解決問題，因

此可以說，與其解決問題，我們只是在回應問題，試圖將問題變成可以接受的新狀態。當我們來到那個較能接受的新情境時，就能得出解答了。問題或許並未永久解決，但目前搞定了，**再次控制住**。

心理學家約翰・高特曼（John Gottman）一生的職志是研究人類關係，婚姻尤其是他研究的重點。他在華盛頓大學（University of Washington）的「愛情研究室」（Love Lab），錄下超過三千對伴侶的相處情形[1]，記錄下數千小時伴侶互動時的心跳、面部表情與肢體語言，得出一個驚人的結論。高特曼的數據顯示，伴侶間有七成的問題是無法解決的，他稱之為「永久性問題」（perpetual problem），但永久性問題不一定會帶來不好的結果。高特曼稱白頭偕老的伴侶為「大師級伴侶」（Master Couple），他的結論是，大師級伴侶接受兩人之間的許多問題是永久性問題，想辦法湊合也就過了，不讓這些問題最後摧毀兩人的幸福。他們替這些永遠存在的問題找出「夠好」的解決方式，繼續過日子。

我們認為這個重要的研究心得也適用於多數的人生難題。

第一步是瞭解我們想要的是可接受的解決辦法──而不是完美答案（如果聽起來很像是本書第一章談的「目前夠好」的概念，確實是那樣沒錯。那一章提過，「目前夠好」是很重要的概念，接下來還會以其他好幾種形式出現在本書各個章節）。

確定我們尋求的是「可接受的辦法」，不必永久、徹底地解決問題之後，替重擬後的MAP設計解決辦法時，就可以認識下一個

重要的概念。

最佳可做選項（BDO）

我們在「諮詢時間」和大家談話的時候（不論對方是史丹佛學生，或是在過去幾年成千上萬與我們聊過的所有年齡的人士），我們聽完他們描述棘手的問題後，通常接下來會有以下固定的對話：

「天啊，錢德拉，聽起來你碰上相當複雜的情形。我曉得你有點沮喪，因為你不確定自己能不能弄懂這個問題，並且想出好的解決辦法，對吧？」

「沒錯，沒錯！就是那樣。我真的不知道要如何起步，因為我沒能完整瞭解狀況。我該怎麼辦？」

「我想你很幸運，因為以你的情況來講——跟許多人也都面對的大量複雜情境一樣，你不必瞭解問題，就能解決問題。」

「等等，什麼？那怎麼可能？」

「其實很簡單。人生中許多真正的超級難題，最好的處理辦法是當成選擇題測驗。你不必百分之百什麼都懂——你只需要知道足以做出選擇的部分就夠了。」

把困難當成選擇題，拿出設計師的行動導向心態，你就準備好了。我們稱之為「找出最佳可做選項」（finding the Best Doable Option），簡寫為BDO。

想一想，儘管有許多複雜的層面，很多時候，你碰上的問題，可能的解法並非無窮無盡。採取行動導向的作法後，你將不再卡住，做出決定，往前進入你的未來——那是你自己選擇的未來，而不是由於你不行動、別人最終替你做出決定的未來。懂得辨識最佳可做選項／BDO之後，你將擅長做出可行動的選擇，你是自己的未來設計師。

舉個簡單的例子，假設你和朋友不曉得晚餐該怎麼解決。你不是很清楚自己到底想吃什麼，也不曉得要上哪吃。朋友看著你問道：「嗯——那你感覺想怎麼做？」但你是真的不知道，此時你該做什麼？

事實上，這個問題無解，因為你是真的不知道（八成用不著接受治療，找出你為何答不出這個簡單的問題）。不過這也不重要，因為你的最佳可做選項其實只有幾個，明確來講只有四個。

1. 在家煮
2. 出去吃
3. 叫外賣
4. 餓肚子

就這些而已。其他每一種選項都只是這四個選項的另一種版本（不行，吃卡在沙發坐墊間的爆米花，算不上選項1），所以你實

際上只需要知道，你要出去吃（選項2）還是待在家裡（選項1或選項3），也或者你寧願不要面對，直接去睡覺（選項4）。你很快就決定選項4出局，因為你很餓。好，只剩要出去吃還是在家吃？你累到無法出門，待在家裡吧。好了，現在有進展了，那要煮飯還是叫外賣？你快速研究一下食物櫃與冰箱，顯然泡麵、走味的餅乾、蔓越莓汁不是你想吃的東西，所以——來點餐吧！你住的區域有四家店的餐點一下子就能送到，所以你從中挑了一家。搞定了。行動導向。**你依舊不知道晚餐想吃什麼**，但你已經開心解決了晚餐問題（還過得去）。宮保雞丁和炒豌豆送上門時，你就能大快朵頤。

　　解決方案就是這樣產生的。

　　其實很多的問題，即便好好重擬，依舊很難完全理解，甚至是不可能的任務。然而，大多數時候，你的可行方案數目是有限的，也因此沒必要「理解」自己的問題。能夠完整掌握很好，但是只需達到足以挑選可行選項的理解程度。

瞄準 BDO，而不是 BTO

　　此處的訣竅是提醒自己，你要找的是「最佳可做選項」（BDO），和「理論上最佳選項」（Best Theoretical Option，簡稱BTO）不一樣。

　　你會很想找到BTO，BTO是你認為**應該**有辦法找出的選項；那

是你自覺**應得的**選項，但實際上大概也是不存在的選項！只存在於你的腦中。如果你真的知道自己晚餐想吃什麼，你的BTO就會變成BDO，但事實是你不知道！（老實講，就算你知道，時間已經這麼晚了，附近匈牙利燉牛肉餐廳還開著的機率有多大？）

當你分心去想BTO，所有的BDO——你實際上能做的事，例如叫宮保雞丁或費城牛肉起司三明治，感覺都像是妥協，都是「將就」，而你不想要將就。不過實際上，你不是在將就，因為現實中不存在的選項並不是選項——只是個念頭而已。設計師的重點是做出東西——真正的東西。我們要你在真實世界中實踐你的夢想，不只是做夢而已。所以去吧，擬定你實際上擁有的選項清單，選出其中最好的，找出最佳可做選項。不要因為煩惱理論上不存在的最佳選項，失去你選擇的BDO帶來的喜悅。

懂了嗎？很好。

比爾大一修了經濟學，學到經濟學家稱作「滿意度」（satisficing）的概念。那是一個奇妙的詞彙，混合了「satisfy」（滿足）與「suffice」（足夠）兩個字。維基百科（Wikipedia）的定義是：「滿意度是一種決策策略與認知捷思法〔做出決定的習慣作法〕，也就是尋求可得的選擇，直到達到可接受的閾值。」

你在挑選最佳可做選項時，實際上就是在做「可接受閾值」的經濟學分析，過程相當複雜，彷彿聯準會主席在宣導最佳的「決策經濟」。

恭喜你，諾貝爾委員馬上就會打電話給你。

接電話前，麻煩把宮保雞丁遞過來！

災難雙星

人們隨時卡在兩種問題中：船錨問題與重力問題。這對災難雙星困住人們無數次。

船錨問題：船錨問題就像實體的錨，把我們綁在一個地方，阻止我們前進。船錨問題將我們卡住，如果我們要執行良好的工作設計，一定要留意自己陷入船錨問題的時刻。

奈薩尼希望每個週末都能駕船出遊，但買不起船，所以他認定問題是：「我沒錢，怎麼買得起船？」

雀兒喜工作的新創公司開始成熟，不再一年成長百分之百，公司在近期的未來，不會再任命新總監。雀兒喜希望升官當總監，因此她認為自己碰上的問題是：「我如何能在公司不再晉升任何人的職位時，當上總監？」

懂了吧。船錨問題發生，是因為想用自己希望的解決方式來定義問題，把解決辦法放進問題裡。換句話說，船錨問題根本不是問

題——缺乏商量的餘地，無法做到的解決方式偽裝成問題，對你來講沒有好處。我們死守著不會發生的解決方案。

擺脫船錨、重獲自由的方法是重擬問題，用腦力激盪出其他可能性。如果我們做前文介紹的重擬步驟，很快會發現，問題的解決方法有很多，「買船」只是其中一個。我們把問題重擬成：「奈薩尼如何能以有限的預算定期出航？」那個問題是可以行動的，有界限（奈薩尼的預算），但可能的解決方式不只一種，奈薩尼並未被船錨綁住，動彈不得。

奈薩尼可以用許多方法每個週末都出海，有的方法甚至比買船好。他可以前往碼頭，一毛錢都不用花，自願幫別人開船（出航的週末，幾乎永遠有人預約了，但最後沒現身）。奈薩尼也可以加入遊艇俱樂部，有各式各樣的船隨他挑。

這個例子顯示，重擬可以活化生命設計的流程。當你藉由重擬開放某個問題時，就會出現可讓你打造原型的大量可能性（最佳可做選項）。瞭解航海世界的有趣事物，一路上認識許多開船的人，本身就是相當有趣的計畫。所以說，重點不只是你想出的辦法；整個設計體驗本身（包括拿出好奇心、和人聊天、嘗試事物、說出你的故事），也是好好活著的喜悅生活所能帶來的樂趣。

雀兒喜的問題也能以類似的方式處理。快速檢視問題後顯示，雀兒喜假設自己要升為公司幾乎已不再任命的總監，在這個公司才會快樂。雀兒喜同樣是把單一解決法放進問題裡，害自己被綁住。

她真的只是想升官嗎？還是說她感到無聊了，希望能在工作中尋求新的挑戰？如果是後者，我們可以把問題重擬成：「雀兒喜如何能在公司擔任不同的角色，協助她學習新技能，或許順便讓職涯有所成長？」如此一來，帶來了大量的可能性。雀兒喜可以到新分部做相同的工作，或是重新受訓擔任全新的工作。如果在學習新東西的過程中，雀兒喜發現自己真正想要的是扮演更高層的管理角色，自信增加後，她有可能決定接受挑戰，到其他公司面試。這樣的重擬同樣帶來可能性，刺激雀兒喜拿出好奇心，開始打造原型。重擬會讓你走向最佳可做選項，帶來更好的工作生活設計──那就是我們的目標。

過去這些年，我們輔導人們時發現，船錨問題通常與恐懼有關。相較於嘗試可能失敗的新事物，緊抓著不可能解決的熟悉問題──我們的船錨，有時反而更令人心安。得不到想要的解決方案，讓人有個好地方可以躲藏。我們可能得不到想要的東西，但至少不必面對可能失敗的內心恐懼。

不要讓這種劇本成為你的故事，在必要時拿出勇氣。記住，勇氣的意思不是缺乏恐懼；勇氣是恐懼時依舊行動。所以說，當你在做生命設計時，有點害怕沒關係，試著前進，不要陷在原地。

重力問題：此外，人們通常會陷入我們所說的「重力問題」。我們到各地輔導時，總是聽見重力問題。

約翰很想當詩人，然而在我們的文化，詩人賺的錢不多。約翰

如何能當詩人又過著有品質的生活？

　　法蘭西斯為了帶孩子，五年沒出去工作。每個人都告訴她，公司對暫別職場一段時間的人有偏見，以後要找工作困難度會提高很多。法蘭西斯要如何避免那種不公平的偏見？

　　這兩個例子都是重力問題，因為就生命設計來講無法行動。那其實不是問題，而是某種情形、某種處境、某種人生現實。或許很討厭、不公平，但這種事就和重力一樣，那不是問題，因為你無法採取有效的行動，而無法行動就無法「解決」。

　　關鍵是避免卡在你根本無從解決的問題。不要誤會，我們全力支持改變世界的積極目標，民可以與官鬥，你可以反抗不公不義，支持女權，打擊全球暖化，替遊民挺身而出，支持給詩人公平的薪水。如果那是你的奮鬥目標，那就去吧，我們祝你好運。

　　然而，如果你沒投身於那樣的奮鬥，對你來講，那就是重力問題。如果你能接受現實，就能把重力問題重擬成能夠行動的問題。接下來，你就可以打造出一條路，朝想要的目標邁進，用能滿足自己、感到有意義的方式參與這個世界。

　　詩人約翰感到挫折。為了幫上他的忙，我們一定得協助他接受現實，重擬重力問題。約翰想要「靠著當詩人過上不錯的生活」。

　　首先，要接受詩人寫詩，一般拿不到多少錢。我們想像多數詩人八成以挨餓俱樂部的會員身分為榮。此外，我們認為詩詞很美好、很重要，我們的社會真的需要多一點詩歌，但約翰必須接受，

詩在市場經濟中沒有太大價值。詩歌的確可以抒懷,但賺錢的
話──別想太多。

OK,讓我們替約翰和其他窮苦的詩人默哀一分鐘。[2]

以上是「首先接受」的重力問題,那一類問題是**死路一條**(如
同你無從抗拒重力法則)。一旦我們接受問題,就能問約翰他真正
想要的是什麼。答案很明顯──他想要寫詩。因此,問題可以重擬
成約翰想要有機會寫詩,朗誦詩詞,盡量做與詩創作相關的一切事
情,抓住表達自我的機會,不必擔心能不能靠詩賺到錢。適合約翰
的重擬因此是:「我很好奇,詩人要如何一邊靠其他工作賺錢,一
邊享受並維持藝術創作?」那樣一想,便帶來大量足以打造原型的
可能性。約翰可以瞭解一下「詩歌擂台」(poetry slam,譯註:詩
人輪流上台,在評審團與觀眾面前表演),參加詩社(約翰甚至不
知道世上有那種團體,直到他拿出好奇心與人交談)。約翰可以架
設詩詞部落格,投稿給詩詞雜誌,更棒的是推出自己的詩刊。約翰
可以與他人通力合作,開始和代表詩人與作家的經紀人談。經紀人
可以介紹一些前輩給約翰,儘管那些人沒能成功把寫詩當職業,但
開心過著業餘詩人的生活。

約翰也能以另一種方式重擬這個寫詩/金錢的兩難問題:「我
要如何學會一週只工作十小時,也有辦法活下去?這樣幾乎就能當
全職詩人了。」我們的學生奧吉曾經決定解決一個非常類似的問
題。奧吉觀察到「富有」的意思,其實是你擁有的資源超過你的一

切所需。如果要達成那樣的境界，一種方法是投入大量的時間與精力賺錢，另一種則是大幅削減你需要的東西。奧吉為了空出大多數的時間，決定來一場大重擬——他要學著過省錢大作戰的生活：只靠一般人十分之一左右的預算活下去。奧吉打造的第一個原型是捨去他不想隨時攜帶的每樣東西，最後成功把不到七公斤的物品裝進一個小背包，背包大小和每個人的書包差不多。奧吉一年工作三個月，收入約是朋友的一成，剩下的九個月四處旅行，做「富人」說他們想做、但沒時間做的所有事情。

奧吉認為自己很富有。

約翰可以採取這種方式，完成一輩子的夢想，成為「富足的詩人」。他得想辦法讓自己的用錢需求少於一成的收入目標。說穿了，你得瞭解自己要什麼，以及願意付出多少代價。

重點是**由你定義你的問題，由你決定你願意打造出多極端的設計方案。**你可能不願意嘗試奧吉的作法——多數人不認為那是「可做的選項」。然而，如果你能小心找出正確問題，擅長重擬問題，帶給自己發揮創意的自由，打造出大量的解答原型，你將獲得最佳（可得的）機會，找到自己享受的工作與生活。

這本書就是要教大家這件事——我們希望讓你有最大的機會，活出對你而言最理想的工作與人生。

重擬問題可以帶給你做到這兩件事的超能力。

如果你搞不清楚什麼是船錨問題、什麼是重力問題，請記住船

錨問題的意思是你卡在單一的解決方法裡；重力問題則是你卡在不是問題的問題。從這樣的定義來看，船錨問題與重力問題實際上根本不是「問題」（不是「有辦法採取行動的挑戰」），只是偽裝成問題的某種情況，或是根本達不成的解決方法，害你一直卡住。

在此同時，生活中當然存在許多需要解決的真實問題——不斷製造無力感。事實上，感到被壓垮這個問題實在太嚴重，我們決定接下來用一整章的篇幅來談這件事。

牛刀小試
最小可行動問題（MAP）工具箱

　　以下要練習研究我們的問題：工作或人生中真正的問題。看看能否去掉過頭的情緒，讓問題縮減至應有的大小。我們來試著找出自己的 MAP。

1. 挑一個你想解決的問題，可能是工作上碰到的問題，例如前文提過的「上司意見回饋問題」，甚至是你在感情上碰到、心理學家高特曼所說的「永久性問題」。不過，你要確認那真的是你已經卡住一段時日的問題。

2. 寫下問題，愈清楚愈好。寫下來，會協助你瞭解自己陳述問題時，無意間給出的「框架」。

3. 首先，檢視你的問題是否帶有任何偏見、預設好的解決方式、過度的情緒或情緒元素。這是一大挑戰，因為我們通常看不到自己的偏見。我們必須極度誠實，達到一定程度的接受能力，或許還需要朋友的協助，才有辦法看到。

4. 如果你很難客觀描述問題，那就請朋友幫忙。把你寫下的問題念給他們聽，請他們協助你找出偏見、已經預設好的解

決方式、過度的情緒或情緒元素，讓朋友協助你找出幾個 MAP。

5. 一旦得出幾個點子，曉得如何將問題重擬成一個 MAP，把你現在更客觀、不帶偏見的重擬，放進開頭是「我們如何能……」或「我如何能……」的句子。

6. 得出幾個 MAP 之後，至少腦力激盪出三種不同的原型（可以再次找朋友幫忙），準備好嘗試用那些原型解決問題。別忘了降低門檻，接受世上有很多問題無法徹底解決，替那個 MAP 找出幾個可以反覆解決問題的好點子。

最佳可做選項（BDO）練習

1. 挑一個你想處理的問題，或是已經在著手、希望找到理想的解決辦法。

2. 以你目前的瞭解，替那個問題腦力激盪出至少五種解決法。

3. 檢視你腦力激盪出來的選項，歸類為 BTO（理論上最佳選項）或 BDO（最佳可做選項）。

4. 刪掉你的 BTO，專心研究 BDO。下定決心以行動為導向，挑出一個選項執行。

5. 問自己：「我感覺如何？」提醒自己，你現在已經做了決定，

你現在有更多時間做其他事。決定做了就是做了（不要混淆「決策的品質」與「結果的品質」），你現在有餘裕解決接下來的事。

去吧，替你的問題找出 MAP，著手進行你的 BDO。一旦習慣以這種方式處理問題，你會發現自己有更多時間留給其他重要的事物，不會浪費時間苦思不值得留意的問題。

4

戰勝精疲力竭

無效的想法：工作這麼多，不可能全部做完，我簡直被壓垮了。
重擬問題：這條路是我選的，我可以設計一條出路。

我們先暫停一下，來一點有關於精疲力竭的公益廣告。

這個廣告不長，真的，假使你已經精疲力竭，我們絕不想讓你更累。如果你正在讀這段話的原因是你不喜歡你的工作（你知道外頭絕對有更理想、錢更多、更美好的工作），那我們在這裡如果不先聲明，並非每個不喜歡工作的人都真心不喜歡自己的工作，那就是我們兩位作者的疏忽了。有時，我們其實是喜歡自己在做的事，只是我們做得太多。我們熱愛我們的工作，但不喜歡自己所處的情境，因為任務清單和收件匣不斷膨脹、不斷增長，有如科幻片裡的外星人入侵我們的人生。不論你處於哪種工作情境 —— 企業大主管、小公司員工、接案的自雇者，任何人都可能碰上這種事。過勞

這種病，每個人的感染機率是一樣的。

我們碰上的工作問題，有時是太多好東西可做，好東西變成吸走生命力的怪物，想吃掉我們的腦袋，讓我們變成親友眼中的陌生人，甚至害我們生病。簡而言之，我們會精疲力竭，有時是因為工作上有太多好機會可以爭取。不一定總是這樣，但有時確實如此。

此外，我們之所以被壓垮，也可能是工作上鳥事太多，有時則不論好事或壞事都太多。

重點是不要讓疲倦惡化成工作倦怠（burnout）。我們可以協助你設計出逃離心累狀態的方法，但工作倦怠則是不同層次的毒蛇猛獸。萬一你完全掉進了倦怠狀態，幾乎不可能設計出前進的道路，得先解決倦怠造成的身心危害才行。所以接下來我們快速瞭解一下何謂倦怠。

如果不確定是否已經從普通的疲憊轉變為倦怠[1]，不妨參考美國梅奧醫學中心（Mayo Clinic）對倦怠的定義：「工作倦怠是一種與工作相關的特殊壓力 —— 那樣的生理或情緒上的疲憊狀態，伴隨著成就感減少與喪失個人身分認同。」梅奧提供一共十題的問卷，你可以做做看，判斷自己是否出現倦怠的症狀。

問一問自己：

- 你是否在工作方面變得憤世嫉俗或過分挑剔？
- 你是否必須硬拖著自己去工作，而且抵達工作地點後遲遲

無法開工？

- 你是否在同事、顧客或客戶面前變得易怒或不耐煩？

- 你是否沒有力氣維持一致的生產力？

- 你是否感到難以專心？

- 你是否對自己的成就感到不滿意？

- 你是否對工作感到幻滅？

- 你是否利用食物、藥物或酒精提振心情，或是讓自己感受不到任何事？

- 你的睡眠習慣或食欲是否改變？

- 你是否為莫名的頭痛或背痛所擾，或是出現其他身體上的不適？

以上幾題的答案，如果有兩個以上的「是」，你可能有倦怠問題，或即將掉入倦怠。

我們是如何從疲倦惡化成倦怠？梅奧醫院找出數個潛在的原因與觸發點，例如：

- 缺乏掌控：你無法左右影響到自身工作的決定，例如你的行程表、你被指派的事務或工作量。

- 模糊不清的工作期待：你不確定自己有多少程度的職權，不清楚上司對你的期待。

- 工作環境互動氣氛不佳：辦公室裡有小人，你感到被同事陷害，老闆隨時盯著你的一舉一動，或是有一堆你不明白的「辦公室政治」（辦公室政治的問題請見下一章）。
- 價值觀不合：你的價值觀，與雇主做生意或處理不滿的方式不相符。價值觀不同，終將有不良的影響。
- 不適任：工作不符合你的興趣與技能，或是學非所用，永遠感到無聊。
- 工作量過大：你的工作需要三頭六臂，有太多事情要做。
- 缺乏社會支持：你感到工作上被孤立，個人生活也感覺很孤單。
- 工作與生活不平衡：工作占去你太多時間，沒力氣花時間陪家人與朋友。

聽好，忽視或不處理工作倦怠的後果很嚴重。

但我們不是醫生。

我們不會在電視上假裝是醫生。

也不會在書裡假裝。

如果你感到你的疲倦其實是倦怠，需要專業協助，那麼務必尋求專業人士的協助。由設計人寫的這本小書無法取代專業協助，倦怠是一種可以診斷的疾病。如果你有需要，就去尋求協助。

現在就去。

這裡我們先來看看普通的欲振乏力。

日常疲憊

　　一般的疲憊有幾種類型，我們把第一種稱為「九頭蛇過勞」（Hydra Overwhelm）。九頭蛇是一種長了九個頭的希臘怪物，每砍掉一顆頭，就會長出兩顆頭。聽起來有點像你目前的工作？要是有太多事情要做，要向太多人報告進度，這種工作通常令人疲於奔命，可能會把人壓垮。這種事通常發生在公司高度精簡人力的狀況，一個人要做兩、三人份的工作，或是公司成長速度過快，主管焦頭爛額，手上要處理的工作、要帶的人，遠超出他們能力所及。

　　如果出現以下幾種狀況，你可能染上九頭蛇過勞問題：

- 你背負太多不同的責任。
- 你得在同一時間，向太多上級報告（不只一人），手上有太多客戶，或是兼職跟正職全擠在一起。
- 你負責彙整太多源頭的重要資料。
- 你得向太多人報告現況，或者上司是多頭馬車。
- 你平日得使用老舊的系統，又慢又難用。
- 你缺乏掌控權，主管大小事都要插手。
- 你獨自工作。

第二種叫「快樂過勞」（Happy Overwhelm），也就是有太多好東西，有很多很酷的事情可做，你不小心自願全包了。你的工作具備挑戰性、但樂趣十足，一起工作的人都很優秀，你拿到的又全是重要的專案，每一項都值得做，只是你接下的量多到無法負荷。

九頭蛇過勞與快樂過勞很容易辨認，甚至解決辦法一樣——只是執行的方式稍稍不同。你需要少做一點，奪回時間的掌控權，讓歷史悠久的設計諺語派上用場：少即是多。至於要如何「減少工作」，要看你碰上的是九頭蛇過勞，還是快樂過勞。

九頭怪物

如果是九頭蛇過勞，最好能擺脫或獲准放下手中過多的業務。首先，看著剛才提到的幾個九頭蛇源頭，得出靈感，列出你手上所有的工作。記錄時要客觀，但每一樣都要記下來。下一個步驟可能有點困難：選擇清單上可以調整、解決，甚至完全跳過的一、兩件事。別忘了門檻放低法，找出你可以主動做的簡單改變：

• 如果無力負荷的根本原因，出在你必須整合來源太多的資料，那就請會計部整合每個月的預算數字，給你一份電子試算表就好，不要給六份。好好解釋（對會計部運用同理心），整併表格將帶來更精確的預測，對每個人都好。

- 如果根本原因是在孤立狀況下工作，那就帶頭號召「星期一零食同樂會」（和同事一起吃零食），「星期三健走馬拉松」（召集大家在中午伸展一下身體，在大樓附近走一走），甚至可以舉辦「星期五自由日」（同事一起中午聚餐，聊當天的新聞──但不要談政治，辦公室政治或其他類型的政治都不要）。

一旦你開始腦力激盪，想辦法減少工作清單，多多與同事聯誼，你大概會感到訝異。你能掌控九頭蛇的程度，其實超乎想像。不過，除非你自己就是老闆，有的九頭蛇過勞大概還是必須獲得上層同意才能執行。如果需要獲得放行，最好的方法就是先從同理上司的需求開始，用以下的方式框架你提出的改變。

「老大，」你說：「現在情況是這樣，我被一堆瑣事淹沒。那些事根本和我們努力達成的目標無關，拖累我的生產力。這對我、對團隊、對你來講都不是好事。我可以生產力大增，以更快的速度完成你心中的關鍵事項，但我需要你的協助，我需要……」

- 「……星期四晚點進公司……」
- 「……〔把你使用的關鍵軟體應用程式〕從一九九八年的版本，升級到二○一五年的版本……」
- 「……從每週交一次報告，改成每個月交就好……」

- 「……把我原先的客戶分為A和B兩組（我幫你準備了一份清單），這樣我才有辦法替A組客戶做到答應的二十四小時內出貨（跟從前一樣），但B組改成九十六小時……」
- 或者……或是……各位自行發揮。

若要改善九頭蛇過勞的情境，唯一的辦法就是改變某樣東西。找出你能做的小型漸進式改善（效益最大、上司也最可能支持你的作法），盡量去做。你大概會預期上司不肯答應，但誰知道呢。如果你先同理主管的情形，獲准的可能性會大增，尤其是藉由試做、實驗或打造原型來架構你的請求。我們有大量的學生、輔導對象和讀者使用這個方法後，大幅減輕了工作量。

梅拉參加我們的工作坊後，提出一個改變的原型：嘗試一個星期不交每週資產報告。那個報告很難做，而且她相當確定沒人把那份報告當一回事。梅拉問上司，可不可以不要交了，老闆要梅拉試行一個月（做出原型）。一星期過後，沒人寫信來要、沒人抱怨，無聲無息──所以梅拉隔週也沒寫報告。過了沒寫報告也沒人抱怨的四週之後，梅拉再度去見上司：「老大，我想討論我們談過的每週資產報告原型。」

上司：結果如何？

梅拉：有結果了。我已經連續四星期沒交報告，結果沒有任何

人抱怨。

上司：我都沒注意到妳沒交報告！

梅拉：沒錯，原型測試顯示你不曾讀過那份報告，其他人也沒讀。我想停做這份報告，把時間改用來整理銷售資料。你說你最重視的事是讓外界更瞭解我們的銷售資訊。

上司：OK，但我們向來會做資產報告——或許一季做一次就好。如果過了一年都沒人談每季報告，就完全停止。這樣可以嗎？

梅拉：好。

上司：很好，快去搞定那個重要的銷售數據計畫。

梅拉的故事告訴我們，或許事情能商量的程度比你想像的多。梅拉的作法很聰明。她和上司談擺脫忙碌的工作，不再寫沒人讀的資產報告，關鍵是點出還有更符合策略的工作要做。她建議靠低風險的原型測試，得出潛在的重新設計工作方法的資料。

此外，梅拉也從缺乏工作動力（要下屬忙個半死，寫沒人讀的報告，這是讓他們變成行屍走肉的絕佳辦法），開始感到自己的工作有益於推動公司策略。這是雙贏的局面。

所以說，前進的道路……直截了當。我們鼓勵你開始打造小改變的原型，改變你的工作清單。你將發現，你能作主的程度出乎意料。不論你是否需要獲准做某件事，都由你發動改變。此外，你會一直在好工作日誌中追蹤自己主動發起的事，對吧？

當好事多到過頭

快樂過勞則有點不同。由於壓垮你的工作都是你自己選擇接下的，快樂過勞通常比較有彈性，你的選項能高度變通。快樂過勞最重要的解決法，就是把事情分出去。當然，你得願意放手，把你每天做的很酷、很好玩、影響力又大的大量精采工作交給別人。然而，如果你學會分享這樣的快樂，你將有辦法以更持久的方式，繼續做一部分很棒的工作，避開潛在的倦怠。由於壓垮你的工作多采多姿、挑戰性高，頗具吸引力，很容易就能找到願意接手的同事（這點非常不同於九頭蛇過勞的問題，九頭蛇是指你得擺脫沒人想做的苦差事）。

如果你真心希望要回大量的時間與精力，就應該捨棄你最重視、能見度高的工作，好康的事最容易找到人接手。放棄好康，就能空下大量時間。舉例來說，史丹佛大學的「做自己的生命設計師」課程，先前全是由戴夫負責訓練課程推廣員。他已經主持過數十遍，累積出不少課程訓練的講義──戴夫很喜歡做這件事，但他需要放棄一些原本他經手的事。戴夫請生命設計實驗室的同仁主持下一次的訓練時間（那位同仁只觀摩過一次戴夫做的訓練），同仁做得很好──戴夫嚇了一大跳，從此不再親自訓練。過了幾季，戴夫旁聽另一位同仁主持的訓練──效果遠比戴夫自己來還好。

戴夫把工作交出去──如今他拿回更多自己的時間，推廣員訓

練的成效也變好了。

　　當然，我們平日扮演的角色不只是工作者而已。有時當你碰上快樂過勞，你也得把家事分配出去。

　　比爾在蘋果公司工作時，加入全新的PowerBook團隊，大家正準備讓蘋果的第一台筆電完工。計畫代號「提姆」（Tim）的PowerBook 170震撼業界。比爾加入後成為機械專案組長，接手下一個筆電計畫。這次的代號是「三得利」（Suntory），由蘋果和Sony的合資企業一起設計。也就是說，比爾幾乎每個月都得搭機前往東京。由於這條產品線太成功，新型的可攜式計畫如雨後春筍般冒出來，蘋果來不及徵人。比爾又接下一個計畫，這次叫「朝日」（Asahi），然後又接下「盆栽」計畫（Bonsai，比爾真的超愛用日文取計畫名稱）。大約在此時，比爾和妻子辛西雅（Cynthia）迎來第二個孩子。比爾家這下子有了兩個年幼的孩子，太太又是全職企管顧問（每星期都要出差），比爾自己每幾個星期也得去日本一趟，他因此陷入快樂過勞。他沒有時間做好任何事，有些事根本無法顧到。別忘了，比爾是自願接下所有這些計畫，甚至遊說公司這麼做。比爾深感擺脫不了的事情實在太多。

　　焦頭爛額大約六個月之後，比爾和太太喊暫停，判定目前的生活方式無法持續下去。夫妻一起仔細研究兩人的工作，看看有沒有可以退出的任務。辛西雅剛從商學院畢業，正處於事業關鍵期，必須在她任職的顧問公司建立口碑，因此夫妻共同決定，辛西雅把重

心放在事業上是個好選擇，他們得想辦法支持她的新職涯。比爾知道此時也是蘋果的關鍵時期：公司正在開創全新的事業，況且這項新事業的營收，成長將超過十億美元。比爾不太可能碰上其他和這個新事業一樣振奮人心的機會，因此夫妻倆決定也要支持比爾大量的工作與出差。

夫妻做好工作上的決定後，列出他們必須做的所有事，其中有他們不願妥協的事，例如自己帶孩子。他們也列出所有可以請別人做的事，包括煮飯、洗衣服、除草、打掃家裡等較次要的工作。夫妻倆計算，如果他們不做這些事，就有足夠的時間分給彼此與孩子。兩人將有足夠的時間做重要的事。

只有一個問題：他們賺的錢不夠請人做家事。

比爾因此去找蘋果的上司，告訴他以下這個故事：「目前是我們團隊的關鍵時刻，我們正在一飛沖天，我們負責的可攜式電腦是蘋果事業成長最快的部分。我們正在立下業界標準，而目前手上的專案數多過人手，我們找人的速度根本跟不上。我百分之一百一十全心投入，能參與這些令人振奮的案子是十分特殊的機會。這就是為什麼我自願一次接下三個專案。在此同時，和我扮演相同角色的其他人，只接了一個專案。我發現要維持我目前這種投入程度，又要挪出時間陪家人，我需要把生活中的許多事外包出去，而那需要很多錢，我需要加薪。」

這個故事說得很好，但也是實話，比爾最後獲得了加薪。不是

立刻就加——比爾必須先證明，他有辦法應付一次接三個專案的挑戰。不過，他和太太是請別人做重要性不如快樂過勞的工作，才得以兼顧。

提醒小型事業主——別掉進「老闆陷阱」

如果你擁有自己的小型事業，你過勞的風險尤其高（特別是快樂過勞，接下來會解釋）。許多事業主感到被困住——困在他們以為無法逃脫的盒子裡、出不去，因為盒子是他們自己打造的。如果這也是你的寫照，你的事業大多數時候令你感到無法負荷——你唯一能談的老闆，就是你自己。你不只擁有公司，流程、步驟、職務、責任也全部由你決定。你主宰著公司的「how」（運作方式），也主宰著公司的「what」（營運項目）——當事業是你的，你的責任感有可能讓你困在特殊的困境裡。

本書提到的每一件事，以及我們的第一本書，也適用在你身上。你可以設計出脫困的方法。員工、顧問、零工工作者的作法，你也能拿來用。你可以從現況開始設計工作生活，心態是一樣的，況且你就是老闆，不必請人批准。

然而，你卡在特別的困境裡。外人通常會抓頭，無法理解為什麼會這樣。公司明明是你的，主控權在你手上，為什麼你不做

出想見到的改變。

　　外人說得沒錯，但由於他們不可能瞭解你的事業，也不可能掌握全部的內情，於是你無視於他們的疑問，繼續奮力工作。諷刺的是，事業主踏上的路，大多是他們自己挑的，以求自行規畫航線，以自己希望的方式工作。他們想要自主權，所以自行創業，但事業一旦開展，他們通常感到手中的自主權，甚至比許多公司的員工還少。

步驟一：記住掌控權「依舊」在你手上

　　不知不覺中，變成事業在控制你──而不是你掌控事業。當然，你扛著大量的責任和義務，員工與顧客都仰賴你，但事業是你的，由你決定如何營運與管理才恰當。比起草創時期，你現在的力量沒變多，也沒變少──你只不過是變忙了。

步驟二：原則一共就一條──守住就對了！

　　任何的事業或組織，不論是營利或非營利，只有一條不能違背的原則──不能沒有錢。只要你賣出夠多的產品或服務，或是從捐款人那裡累積到夠多的捐款，收入足以償還支出，就能營

運下去。你的電子試算表最下面的結餘必須是黑色的——不能是赤字。萬一卡在赤字裡，那要準備關門大吉（如果是那樣，你需要不同的協助，大概得看另一本書）。這條原則帶來大解放！身為老闆的你，只要你還有辦法開門（以及有辦法繳稅、不違法等等），你是真的想做什麼都可以。你可以減少或拓展你提供的產品或服務；也可以賣掉部分事業，簡化後比較好管理。你幾乎可以視情況運用本書所有的點子。就算你的事業需要做出重大轉變，才有辦法逃離被壓垮的困境，你做得到，因為由你當家作主。

就那麼簡單。

艾麗是戴夫從前的鄰居，經營一間成功的地方餐廳多年。這個生意永遠沒有能喘口氣的時候，因為人總是要吃飯。永遠不能休息讓艾麗累了，但不曉得該如何改變這種精疲力竭的局面。接著她有所覺悟，其實一切都由她決定——那是她的餐廳。艾麗想起當初為什麼要開這間店（她想要提供人們會喜愛的墨西哥食物），這個初衷與高朋滿座無關。食物才是重點。艾麗最後收掉餐廳，買下餐車。這下子不必付房租，還可以減少員工人數與她自己的工作時數。艾麗放棄一成的收入，換得完全脫離精疲力竭的窘境。

艾麗替自己重新設計了工作生活，你也可以。

三頭六臂也不夠──特殊情況

　　最後一種過勞是特殊情況，通常是新組織或新創公司會面臨的狀況，我們稱之為「三頭六臂也不夠」（Hyper-Overwhelm）。在這種情況下，管理階層與員工試圖一邊打造飛機，一邊飛上天。沒有可以遵守的組織常規，輔助的基礎建設幾乎是零（事實上，建立輔助的基礎建設就是你的工作，但誰有空？）。企業非常成功，快速擴張，一週得工作七十、八十，甚至九十小時，因為工作永遠做不完，同時刺激、有趣，具備挑戰性，但也令人百分之百疲憊。在小型事業或高速成長的新創公司，擔任領袖與早期的團隊成員，不是普通人能幹的，每週的工時不會短。如果你選擇踏上這條路，你要試著把日常的工作想成馬拉松，而不是短跑。

　　真正的意思是你需要執行某種特殊的說故事方法，藉由重擬，說出「目前已經夠好」的故事，大概還必須和身邊的關鍵親友、同事，商量好該如何妥協（我們很少會是獨自處於這種情形）。這種「目前」的解決法，背後真正的支撐是新敘事──展現**說故事**心態的力量。或許解釋這個概念的最佳方式是說個故事……

　　很久很久以前，戴夫問比爾要不要一起合作。戴夫想教大學生運用設計思考，找出他們的人生想做什麼。戴夫和比爾談過之後，史丹佛大學最熱門的選修課「做自己的生命設計師」（Designing Your Life）就此問世。

那個課程推出後，所有人都擠破頭要上！

事實上，那個課程爆炸了，戴夫陷入九頭蛇過勞。是這樣的，「做自己的生命設計師」其實就是一間新創公司，在早期，如同大多數的新創公司，只有創始人校長兼撞鐘，工時超長。開始上路時，沒有多餘的人手，可把任務分配下去。

新課程帶來永無止境的工作。在加州帕羅奧圖（Palo Alto）的某個夜晚，終於一切不改變不行。

戴夫走向史丹佛的停車場，看了看手錶，上頭寫著晚上八點。「完了。」戴夫大叫。事實上，戴夫當時講了好幾個字，語氣比「完了」強烈許多。

他上車打電話給太座。

「嗨，親愛的。」

「噢，哈囉，親愛的。」老婆說。

「對不起，」戴夫道歉：「我又來了。我們約好七點半吃飯，但我顯然趕不上。」

是這樣的，戴夫家習慣星期三一起吃晚餐，戴夫理論上應該要到家了，而他到家要通勤一小時，因此到了晚上八點，戴夫的太太克勞迪亞（Claudia）明白，先生趕不上半小時前的晚餐之約。

這種事已經不是第一次發生。

「這次是什麼事？」太太問。

「一下子又冒出好多事。有好多沒預約的學生跑來找我談，然

後大學部的副教務長又要我去一趟辦公室，談未來要如何規畫課程，我不能不參加那個會議。這些加起來，課後還要和學生們談話，時間一下子就過了。親愛的，我真的很抱歉，我搞砸了，我會盡快趕到。」

「喔。」克勞迪亞說：「你一定是很開心！」

戴夫沒想到太座會那樣講，或許是他聽錯了。

「什……什麼？」戴夫結巴。

「你一定很開心，因為那正是你想要的。我是說，你告訴我的每件事都顯示『這太完美了』。有更多的學生跑來找你商量，而你最喜歡做的事就是和學生談天。此外，教務處也找你談，這代表你的影響層面上升到了組織的層級。你和比爾在做的事開始帶來了改變。這完完全全是你樂見的結果，所以說是真的成功了。你一定很開心！」

戴夫想了想。

「嗯……對，沒錯，我很開心。我只是要打電話告訴妳，事情進行得有多順利，還有這些美好的事讓我不小心再次錯過晚餐之約。謝謝妳，親愛的。」

「不客氣。我等你到家。」

首先，這則故事最重要的啟示就是要找對人結婚。

戴夫這輩子做過最聰明的事，就是娶對老婆，擁有天底下最棒的另一半，設計出幸福快樂的人生。

儘管如此——這則故事還說明了其他事。

三頭六臂也不夠的情境是，發生大量的好事，但是數量太多，而且不像快樂過勞有辦法把工作分出去，因爲沒有可以分擔的人。

發生這則故事時，生命設計實驗室才剛成立，戴夫一季要教三堂課，季季如此，沒辦法交給別人（除了比爾，但比爾同樣處於新創公司的三頭六臂也不夠狀態）。此外，也就是在這段期間，戴夫試著建立生命設計實驗室的口碑，也因此比爾與戴夫依舊處於這間生命設計新創公司「事事都得自己來」的時期。

那眞的是一段很美好的時光，令人興奮，但應接不暇。

對戴夫來講太多了，但他知道這個程度的太多……目前可以接受。他可以想辦法忍耐，撐過新創公司的模式，再來就能把「三頭六臂也不夠」降級到「快樂過勞」，開始以更好的方式管理。

對戴夫來說，他的新故事是這樣的：

舊故事：「喔，我的天啊，有太多事要做。」或「喔，我的媽啊，又有很難塞進行事曆的會要開。」接著就是「我搞砸了。」或「我辦不到。」

新故事：「哇，我很幸運終於能夠實現目標，替高等教育和學生的生命帶來改變。有時眞的覺得很不容易，但不會永遠這樣，這是我盼望了一輩子的事。雖然我現在眞的很忙，我還是要盡情享受每一刻。」

這個故事的寓意是，假如加入這個「新創公司」是你自己選

的，你處理三頭六臂也不夠的方式，就是改變故事。故事一定要
短，兩、三句話能說完就好，而且一定要是你能記住的內容。這樣
一來，每當你快掉進心情不好的時刻，就能搶在情緒爆發、再也無
法集中注意力之前，快速重擬，

　　有一句古老諺語說：「你無法阻止鳥兒飛過頭頂，但沒必要讓
牠們在你髮中築巢。」這句話是在說，你總會有冒出不好念頭的時
刻（包括無效、於事無補、破壞心情的想法），但不必糾結於那些
念頭，或是一直把它們放在心上。你要練習用好上許多的故事來取
代這種念頭。

　　有一句重要的話要提醒大家：你不是孤單一個人！當你處於三
頭六臂也不夠的狀態，幾乎總會有其他人受到影響。你的新故事要
發揮作用的話，你得讓你波及的人一起努力，讓他們心甘情願說
出：「我也一樣，但我暫時先忍耐。」

　　如果你有辦法讓關鍵夥伴、好友、合作者加入你，暫時接受你
的三頭六臂也不夠狀態，事情對每個人來說都會更加順利。你永遠
得做出一些調整，優先處理夥伴關切的事，但多數時刻，由於你
（和其他人一起）選擇接受新創階段需要使出三頭六臂，你有辦法
撐下去。當你撐過三頭六臂也不夠的階段之後（記住，只是**暫時這
樣**），果實會更甜美，因為你們是一起完成的。戴夫就是一個例子
（喔，對了，他太快樂了）。

　　每個人總有感到撐不住的時刻。你現在應該已經明白──過勞可以想辦法，這只是你的工作和人生暫時的現況。你是設計師，由你掌控。

　　好了，現在回到你固定安排的工作生活。

牛刀小試
戰勝精疲力竭

1. 你是否感到疲憊？問問自己，你是否持續感到精疲力竭——你真的碰上這個問題了嗎？還是只是這星期太忙？如果真的精疲力竭，繼續做這個練習。沒有的話，玩玩飛盤，遛遛狗——你有權放鬆一下。

2. 你是否倦怠？依據前文提到的幾大跡象，確認自己是否真的倦怠或精疲力竭。如果你認為自己正掉進倦怠的狀態，放下這本書，立刻找專業的倦怠治療師，好好尋求協助。如果還不到倦怠的程度，繼續做這個練習。

3. 找出你的過勞屬於哪一種：九頭蛇、快樂或三頭六臂也不夠。複習這三種過勞的特徵，判斷哪一種最符合你的情況，開始設計出路。

4. 九頭蛇與快樂——執行

   a. 少即是多：列出你的少即是多清單，找出哪些事可以不要做、分出去或重新商量。注意，如果你處於九頭蛇的情境，執行這個步驟就與快樂過勞相當不同，不過目標是一樣的——一定得捨去某些事。列出清單吧。

b. 「老闆計畫」或「分給同事計畫」：如果你處於九頭蛇過勞，你得想辦法減輕重擔，此時八成得從上司著手。找出你的少即是多項目，想出讓上頭的人同意的最佳說法，接著安排和主管討論這件事。如果你處於快樂過勞，你大概可以分給同事（如果你挑選要分出去的工作時，記得是把好事交出去，那樣很容易就找到願意接手的人）。安排好商量時間與交付工作的流程（可能要採取數個步驟，才有辦法完全釋出某件事，但撐著點，最後會成功的）。

c. 執行：妥善執行是不可或缺的步驟。從上司與同事著手，追蹤所有的細節。你幾乎會瞬間感到重擔變輕。

5. 三頭六臂也不夠計畫

a. 重擬：找出如何重新定位你的處境，儘管要付出很多心血（只是目前暫時先這樣……），你可以盡量享受。你可能需要請朋友、同事、配偶或夥伴協助，替你分憂解勞。

b. 說出更好的故事：新故事一定得把你的情況重擬成優勢。請參考戴夫的例子，替自己寫下新的故事。不要超過四百字。寫好之後，每天早上大聲念給自己聽，持續念兩個星期（直到你讓那個故事成真）。

c. 協調：找出其他人願意妥協的事（只是目前先這樣……），好讓你有效執行九頭蛇狀態的重擬。受你的九頭蛇過勞影響最大的人，大概是你身旁最親近的人。如果你的重擬與

新故事能請到這些人幫忙，成功的機率會大增。準備好處理他們碰上的問題與抱怨──別惱羞成怒，找出每個人都會接受的故事。

d. 檢查：過了六到八週，再次確認你自己和最親密的夥伴，是如何應付三頭六臂也不夠的狀態，問：「近來如何？」，確保你撐過這個階段的方法也適合每一個人。如果每個人都覺得沒問題，那就保持下去。如果行不通，找出哪些地方需要更新（重擬、故事、協調的內容），然後執行必要的補救措施。該改的絕對要改，才能脫離三頭六臂也不夠的處境──你不會想永遠生活在其中。

5

心態、恆毅力與你的職涯 ARC

無效的想法：我不喜歡我的工作，我不曉得該怎麼辦。

重擬問題：不論是什麼樣的情形與工作，全都能加以重擬，重新設計。

有時一天就是特別漫長。

你無心工作時，每個今天感覺都比前一天長，沒有任何事能讓永無止境的時鐘滴答聲響得快一點，讓你快點下班通勤回家，向家人（或你的貓）抱怨上司／工作／客戶／職業／公司有多爛，就連再多看一段貓影片，也打發不了時間。你目前的打算是熬過一天是一天，領完一次又一次的薪水，有一天終於退休，開始真正過生活。公司叫你做什麼，你就做什麼，向上司報告，對同事點頭微笑，但心底默默知道，這一切都沒意義。你年輕時，沒想過會賣保險，替軟體公司寫技術手冊，幫別人的泳池加裝泳池蓋，但不知怎

麼搞的，人生變成了這樣。

聽起來很耳熟嗎？如果你也是這樣，你和近七成的勞動力一樣無心工作，整體而言，不滿意自己度過每小時／每天／每星期／一生的方式。那麼你該怎麼辦？

誰來替你負起責任？

以下注意有劇透。

你只會在一個地方找到工作滿足感。滿足感不會來自換工作或換公司，你不會在人資部門發下的新員工手冊找到答案。你的公司無法提供滿足感，雖然公司的確可以再多做很多，好好從旁輔助員工。所以說，你是你的工作與職涯的設計師，那麼工作滿足感來自哪裡？請讀下去……

誰主宰我的人生？

我們感到人生卡住時，一般會怪外在的環境：因為發生不好的事害我卡住，那是別人或某件事造成的，不是我。

我的工作爛透了，不是我的問題——你見過我老闆嗎？

我公司的文化爛透了，這是公司的錯，那就是為什麼這裡的每一個人都不快樂。

我的伴侶不懂我，永遠不會支持我當太陽馬戲團小丑的夢想。

然而，要是我們完全對自己誠實，我們不快樂，不一定都是別

人害的。當然，慣老闆和爛公司一定不會幫上忙，但到了某個時間點，你得問自己：誰主宰我的人生？

在生命設計裡，只有一個答案。

你是你生命裡的創意代理人，你有能力做出需要、想要的改變。改變需要下功夫，還得花時間（因爲我們要放低標準，悄悄做出改變），但到了最後，那個問題的答案很明顯。

你是自身的主宰。

如果你不喜歡那個答案，去跟你老闆講。

如果你希望更加投入，工作多一點滿足感、有意義，現在是重新設計工作體驗的時刻。從你自身出發——你的態度與心態，能爲你寫下工作與職涯的故事。

讓心態成長

心理學家卡蘿・杜維克（Carol Dweck）是我們史丹佛大學的研究同仁[1]，她主張人生思維一般有兩種，也就是兩種主導的心態——「定型」（fixed）與「成長」（growth）。擁有定型心態的人認定，聰明才智是固定的，天生的「才能」無法改變。要是成功了，那是老天爺賞飯吃。要是失敗了，原因也一樣——「天生不是那塊料」。

我就不是一個有創意的人。

銷售我做不來。

我數學很爛。

具備成長心態的人則認爲，雖然每個人的天賦不一樣，聰明才智是可以培養的，自己可以學習與掌握新事物。成長型的人認爲，自己會成功是因爲下苦功與多練習，不是天生就會。杜維克寫道[2]：「定型心態認爲人的特質不可能改變—— 你不得不一遍又一遍證明自己……成長心態則認爲，你的基本特質可以培養，只要努力，運用策略，獲得貴人相助……一個人眞正的潛能是未知的〔不可限量〕……」

這兩種行走於世上的方式，以及隨之而來的挑戰，將導致很不一樣的結果。帶有定型心態的人碰上挫折時[3]，一般感到較無助，放棄速度快，因爲「這不是我的錯，那不是我擅長的事」。帶有成長心態的人則較能堅持下去，更願意努力完成目標，即便起初笨手笨腳也一樣。

就連大腦的功能性磁振造影掃描（fMRI，可以看見受試者在做某件事的時候，啓動了哪些腦迴路），也提供了證據，指出心態差異與神經有關。舉例來說，將受試者送進fMRI儀器，問他們困難的問題，接著再告知他們答得如何。兩種心態的大腦模式，呈現驚人的差異。

「具備定型心態的人，只對反映出他們能力的回饋意見感興趣。他們的腦波顯示，他們得知答對或答錯時，高度專心聆聽。然

而，即便他們答錯，也沒興趣知道正確答案是什麼。實驗人員提供可增長知識的資訊時，只有成長心態的人會留心聽。只有成長組把學習當成第一要務。」

定型或成長心態似乎深植於我們腦中，但不代表我們註定受限。大量證據顯示，大腦有辦法回應訓練，形成新的迴路，因此當你開始設計你熱愛的工作，可以考慮訓練自己培養成長心態。研究顯示，採取與培養成長心態，將增強你的學習欲望（好奇心）、歡迎挑戰的程度，還有當別人批評你，或是當你看到他人的例子時，能否學到東西；此外也決定了，你在做任何事的時候，是否懂得把勤能補拙當成精通的不二法門。

無效的想法：我不擅長數學，我的數學永遠不會變好。有好多事我做不來，有的人就是比我有天分得多。我的能力就這樣，這輩子就這樣了。

重擬問題：那是你的定型心態在講話，沒說出實話。真相是拿出成長心態，努力、努力再努力，多多練習，你下定決心做的每一件事，八成都做得成。別人會做得那麼好，不是因為天資聰穎，而是努力改善自己。

定型心態vs.成長心態的故事，其實有點太非黑即白。研究顯示，每個人都帶有部分的定型心態與成長心態，有點像光譜那樣，只是看定型多一點，還是成長多一點。如果你感到自己的心態，太接近光譜上「定型」那一頭，可以想辦法往「成長」心態的方向移動。如果成長心態已經是你的預設心態，再加上練習，你可以更上一層樓。

第一步是學習辨識自己掉進定型心態的時刻。問問自己，哪些時刻會促使我以定型心態看世界。碰上解決不了的問題（**我很笨**）？拖拖拉拉時（**我很懶**）？未能替自己說話（**我很害羞**）？或是沒挺身而出、主持正義（**我是懦夫**）？

順道一提，剛才這幾個例子都是負面的自我對話，那是以負面的方式**說故事**的心態。當你告訴自己：「我很笨」或「我又懶又笨」，你是在跟自己說故事。那個故事講了夠多遍之後，你就會開始相信。

反轉的方式是留意定型心態占上風的時刻——不必批評，留意到這件事就好。接下來，靠著重擬的力量改變問題，藉由**說故事**心態的力量，「改變敘事，改變結果」。

每當你發現自己處於定型心態，留意你說出的故事，重擬，再說出更好的故事。例如：與其告訴自己「我很笨」，不如講以下這個故事：

「這個問題真的很困擾我，我需要新點子，找出新的問題解決

策略（拿出好奇心），尋求協助（通力合作），給自己更多時間，更加努力。打倒這個問題前，先做好我需要的基本準備。」

那是一個更好的故事！

或著與其說：「我又懶又笨」，不如說這個故事：

「我發現自己不想著手解決這個問題；我在拖延。跨出第一步的方式，可以是先確認已經蒐集到出發所需的所有資訊、研究與材料（覺察）。我可以重擬這項任務（重擬），找出同樣能得出結果的新方法。此外，列出完成這項任務的各種好處，也會讓我有動力開始做。」

懂了嗎？你要改變內在的故事。

朝成長心態前進的最後一個步驟是問自己：**我今天可以學到什麼？我能否重擬待辦事項上的學習與成長挑戰？我能否發揮所學，服務他人——我今天可以扮演老師的角色嗎？（順道一提，好老師永遠擅長講故事。）**強化成長心態的最佳方式是學習、成長並分享你的經驗。

你最重要的任務，就是採取與培養成長心態！擬定計畫，轉換到這個新的心態，保持下去。你絕對需要練習與增強成長心態，成長心態才會在你想辦法解決問題時，自然而然地跑出來。

你內建這種思維後，當你努力讓工作變成你想要的工作，不免有碰上挫折的時刻，此時韌性的心理學將派上用場：吃得苦中苦，方為人上人。

恆毅力

發揮恆毅力（grit）。

西點軍校平日舉行為期七週的艱苦新生「野獸營」（Beast），所有的新生都得咬牙撐過。更折磨人的例子是美國綠扁帽特種部隊的篩選課程（Green Beret Special Forces Selection Course），學員必須負重跑步、爬過帶刺鐵絲網下方的泥灘，參與各種考驗極限的挑戰。究竟哪些新兵能撐過去，恆毅力是最佳預測指標。恆毅力還能預測誰是業績最高的銷售員、誰的表現可以超越天賦最高的運動員。一切看恆毅力的程度就知道！

安琪拉・達克沃斯（Angela Duckworth）是賓州大學心理學教授，著有《恆毅力：人生成功的究極能力》（*Grit: The Power of Passion and Perseverance*）一書，她研發出測量恆毅力的方法，你可以上網接受「恆毅力量表測驗」（Grit Scale），網址如下：angeladuckworth.com/grit-scale。[4]

儘管人們的天賦各有千秋，達克沃斯的研究顯示，天賦、IQ、天生能力，幾乎與「在艱困環境下成功」是零相關。有人成功，有人放棄，差別在於持之以恆的能力。因此，設計你的工作生活時，培養恆毅力也是重要環節。你可以採取一些方法，培養出更百折不撓的恆毅力心態。

達克沃斯提出，「成熟的恆毅力典範人士，擁有四種共通的心

理資產」：

1. 一切從享受你做的事情開始。要堅持下去，你得對你的主題有發自內心的興趣（後文會再談內在動機）。我們把達克沃斯提出的這項資產，加上設計師的好奇心態：好奇心是興趣的潛在領先指標。
2. 接下來是實踐的能力。你必須在有方法的情況下，全心投入刻意的練習，到達純熟的境界。此外，你必須每天、每週、每年持續練習——永無止境地練習，永遠追求更上一層樓。
3. 第三項資產是目的。你必須相信，你做的事情對某件事或某個人很重要，你要有使命感。
4. 最後，第四點是你必須抱持希望。事情不順利、計畫行不通時，希望能讓你走下去。希望與樂觀有關，你在內心深處感到使命最終有可能成功。

　　培養好奇心與興趣，辛苦練習以掌握技藝或主題，定義自我超越的目標，以及維持希望，將增加你的恆毅力，更能完成你決定要做的事。聽起來相當類似優秀的工作與生命設計師的心態。

　　研究顯示，相較於觀看貓咪影片、盯著時鐘等候下班、埋怨你的工作，每天持續做以上的練習，是更佳的時間利用方式。

　　好吧，或許沒有官方研究顯示「看貓咪影片」與「培養恆毅

力」之間的關聯，但是如果有，相信我們，恆毅力會在每一項研究中勝出。

如果你培養出成長心態，獲得良好的恆毅力，現在該來看看，到底是什麼事讓我們最初想要工作。由於你是自己的管理者與老闆，你需要明白如何讓你的關鍵員工有最大的動力做事。

你的職涯 ARC

無效的想法：我不滿意我的工作，我不曉得該怎麼做，才能讓工作狀況變好。

重擬問題：我知道自己的內在動力，清楚如何提升自身的自主性（A）、歸屬感（R）與能力（C）。

說到底，要讓工作具備挑戰性及樂趣，責任在我們自己身上。不論我們每天做的事究竟是開公車還是促成企業購併，道理都是一樣的。如果要讓工作有趣，帶來成就感，我們必須再次求助於心理學家。探討人類動機的「自我決定論」（self-determination theory）研究指出，人類天生是動機的動物。除了會回應外在動機，若要完整瞭解人類動機，還需要瞭解我們的內在心理需求：「自主性」

（Autonomy）、「歸屬感」（Relatedness）、「能力」（Competence）
（三者合稱「ARC」）。

　　有的人讀到這，大概想放棄了。

　　心理需求？理論什麼的很好啦，但我需要錢。錢帶給我動力，
錢讓我投入工作，錢的效果比什麼都大。我們來談談我銀行帳戶的
ARC！

　　講得好。我們當然得滿足財務需求，然而研究也顯示人類很奇
妙，人會因為錢以外的東西產生動機，尤其是能填飽肚子之後——
好奇心與解決問題時自然會碰上的挑戰，也能刺激我們行動。丹尼
爾・品克（Dan Pink）在《動機，單純的力量》（*Drive: The
Surprising Truth About What Motivates Us*）一書，提到一個奇怪的研
究結果。與「自我決定論」有關的動機心理學指出：

　　　……人類的動機似乎和多數科學家與民眾相信的事相反……我
　　們〔自以為〕知道什麼事會讓人有動力。獎勵—尤其是白花花的鈔
　　票，可以強化興趣並提振表現。〔然而，心理學家發現的自我決定
　　論〕幾乎正好相反。金錢被當成某些事的外在獎勵時，受試者失去
　　對那件事的內在興趣……人類……天生尋求新奇與挑戰，想拓展和
　　運用自身的能力，去探索，去學習。[5]

　　品克這裡是在談愛德華・德西（Edward Deci）的研究。德西

是心理學先驅，他與理查・萊恩（Richard Ryan）等人，在過去四十年間研發出理論，指出人類除了原始的外在動機（想獲得食物、避難所與安全等驅力），我們也有強大的內在動機，那些動機本身就是一種獎勵。換句話說，人類會單純因為一件事有趣而去做。我們是好奇心強的動物。德西與萊恩等學者證實，引進外在獎勵（例如付錢請人解題）會破壞內在的獎勵機制（因為有趣，開始解題）。當你付錢請人做他們原本因為內在獎勵機制而做的事，他們的表現反而會下滑。

那是奇怪的悖論。

現在來看看我們的「自主性」、「歸屬感」與「能力」等三項內在心理需求。

自主性：最根本的自主性是指控制自己生活的需求。那是一種人類動力和與生俱來的心理需求。我們全都希望在工作上掌控自己所做之事的各種面向，決定合作對象、執行時機等。德西與萊恩寫道：「從現象層面來看，人類的自主性，反映在伴隨自律行為而來的正直、意志力與活力的體驗……。」[6]

以工作來講，培養自主性的方式是在自己的業務範圍被看到，並且決心達到上級的要求或更勝要求。當你養成習慣在工作上做到一百二十分，就會發生好事。

安是速食店的輪班主管。她每天的工作很固定，她接受過管理訓練，排班方式的依據來自業界的最佳實務。安在麥當勞的知名訓

練所「漢堡大學」（Hamburger University）上過課，學習以井然有序的特定方式，讓自己管理的餐廳產能與獲利達到極致。你會以為安做的這種工作沒有自主空間，實際上不然。安遵守規定，紀律嚴明，由她負責的班表井井有條，員工表現傑出。然而，安也替旗下的輪班員工，拿出超出期待的表現。她每隔一天帶鮮花到餐廳，放在打卡鐘旁，營造美好的工作環境。安非常大方地花時間協助新員工，教他們做出好食物的規定與流程。有一次，安發現換班的情況不是很好，她沒經過允許，就開始想辦法改善。她安排三位輪班主管一起喝非正式的咖啡，談員工沒動力「收拾善後」的現象——輪完班的員工急著回家，通常無視於留給下一輪同仁的爛攤子，結果就是廚房髒亂不堪（潛在的衛生風險），還會做壞部分餐點。安提出「打造原型」，擬定新班表，指定一位員工擔任「重疊的輪班人員」，目的是做到無縫交班。全員同意試行一個月，效果很好——再也沒有被漏掉的餐點，工作環境也更乾淨、更開心。

安還以其他各種方式增加工作場所的效率，更重要的是變有趣。「當我聽見備料區有人在哼歌，清潔人員把打掃變成遊戲，看誰能以最快的速度清理完油水分離槽，我就明白我的團隊完美分工合作。我帶的人留職率最高，沒人離職棄我而去——管理高層也注意到這件事。」

如果安讓一份速食工作發揮自主權，你也做得到。

歸屬感：歸屬感是指與人和社區連結。培養與維持歸屬感的方

法，是和一起工作的人交流，好好一起合作專案，對同事和主管抱持同理心。連結的動力是一種強大的人類動機，也是人類演化史的基本元素。人類這種動物算不上身強力壯，速度也不快。幾乎所有的野外掠食者都快過人類，也更致命。人類為了活下去，學會一起生活，一起打獵。在我們演化的過程中，最佳的存活策略就是形成強大的家族與部落團體。歸屬感的內在需求也會顯現在工作上。

　　回想一下，當你屬於某個重大計畫或目標的一分子時，那種熱血沸騰的感受。從運動、社群團體，一直到社會運動，我們人生的許多面向都是團隊的成員，努力替團隊做事。通力合作也是一種歸屬感，設計師自然而然會那麼做。

　　相較之下，被孤立在辦公室裡一格格無聊的座位裡，單打獨鬥，做著看不出和團隊、群體或公司使命明顯相關的工作，並非健康的工作環境，而且八成不會讓你拿出最佳的工作表現。

　　增加歸屬感將增加你的快樂感——不管是工作或人生都一樣。

　　比爾完成產品設計的碩士學位、剛從史丹佛大學畢業時，他的教授開了康維吉科技（Convergent Technology）這間非常成功的科技公司。教授提供比爾工作機會，加入一個「超級祕密、處於隱藏模式」的特殊專案。比爾就此展開此生最美好的工作經歷。大家都知道，康維吉科技是一間很操的公司；執行長喜歡講自己的公司是「矽谷的海軍陸戰隊」，紀律嚴明。比爾加入一個約二十人的小團隊，當中有三名機械工程師，他是其中一員。他們的任務是試圖設

計並製造當時全球最小型的可攜式個人電腦。為了達成目標，團隊每天工時很長，一路做到半夜。康維吉有一句名言：「一個週末等於一星期的工時。」背後的計算邏輯是週末有四十八小時，而你週末一共只需要睡八小時！比爾在許許多多的「週末星期」工作，有時整個週末不睡。他還記得，有一次他在星期日「提早」下班，參加母親的生日會。途中他得到百貨公司買一件乾淨的襯衫換上，因為他已經三星期沒時間洗衣服。計畫的最後期限很緊迫，萬一失敗就慘了。團隊把每一項技術發揮到極致，一旦失敗，將是把兩千萬美元丟進水裡——兩千萬在一九八三年是相當龐大的投資。

　　這份工時長的工作聽起來很操、壓力很大，但依舊是比爾一輩子做過最棒的工作。團隊通力合作，拿出眾志成城的精神，每個人都在做前所未有的事，彼此支援，好幾週處於百分之百的心流狀態。他們手中的任務幾乎在挑戰物理定律。某天深夜在實驗室時，他們終於讓主機板第一次運行，螢幕上顯示：「哈囉，世界。」（Hello world）。[7]

　　大夥開香檳慶祝。

　　比爾在三十五年前加入的那個團隊，每個成員如今想起那段時光，依舊笑容滿面。計畫終止後，他們年復一年，每年都聚會。比爾要是剛好碰到老隊友，他知道他們會聊很久，一同回味在團隊裡工作的滋味。

　　順帶一提，比爾他們製作出的那台破天荒的可攜式電腦

康維吉科技在一九八三年左右推出的 WorkSlate 電腦

WorkSlate，賣得一塌糊塗。上市大約一年後，公司就關閉WorkSlate
部門。沒人因為那個計畫致富，沒有人能說，因為當年那個產品很
成功，他們今日依舊回味無窮。人和旅程才是帶來美好記憶的元素
——永遠都是。

　能力：就是字面上的意思。我們人都希望擅長自己做的事。有
的人甚至想成為第一。我們開發能力的方式（其中包含恆毅力的元
素）是練習再練習，直到達成其他人稱為精通的程度，接著以更專
心一志的練習突破自我，更上一層樓。恆毅力與耐力是此時的關
鍵。能幹本身就會帶來開心的感受。也因此，找出我們工作具備的
價值，是很重要的事。工作要做得好，需要培養技能；如果我們培
養出自己真心在乎的技能，就會出現精進能力的動力。相較之下，
如果無心工作，不會想到要提升工作所需的技能，更別說要精通。

增進能力的方法是投入兩件事：一、我們天生擅長、能在工作中派上用場的事；二、我們天生不足、工作上卻需要運用的領域。如果是天生的長處（例如帶領一小群人），你需要逼自己更上一層樓（成為凝聚團隊的世界級專家）。我們很容易「吃老本」，完全只享受天生的長處。然而，如果要完整收割優點帶來的好處，你還得加以培養。

弱點也一樣。多數人在工作上都會碰上不擅長的事，但不做不行。舉例來說，如果你要當大學老師，你得擅長在眾人面前講話。

那不是比爾的長處。

比爾生性內向。他喜歡一對一工作，或是和一小群人合作——甚至自己獨立作業就好。比爾喜歡擁有領導影響力（他擅長制訂策略），但不喜歡站在眾人面前——尤其是很大一群人。然而，如果你教的是熱門課程，你得一遍又一遍站在一堆人面前。比爾喜歡當老師，喜歡培育學生，喜歡構思設計思考課程，也喜歡領導設計課程的人員。然而，比爾不喜歡站在一間大教室的前方。他知道如果要做自己的工作，他得學會公眾演講。比爾觀察評鑑分數最高的教師，和他們討論他們的教法，模仿他們的作法。比爾從公共演說著手，研究溝通的科學，因此他知道要怎麼做，才能傳達眾人會記住的重要訊息。比爾不斷練習，一遍又一遍地教課，從教學同仁與學生那裡獲得具建設性的回饋意見。比爾最初有點笨拙，結結巴巴、負評多過好評——講課的人和聽眾都很痛苦。然而，比爾決定堅持

下去（用上恆毅力），他真心相信演講技巧不是由基因決定，是有辦法學習的（他具備成長心態）。比爾的努力有了成果，定期獲得良好的教學評鑑分數，他喜歡教書——看見學生學到東西，自己也做好了教學工作，兩件事都讓他很開心。比爾真心享受擁有當老師與公開演講的能力。

在你的技能未達到工作需求時，那就把它當成是成長的機會。你需要下苦功，但很棒的好處在等著你。你的工作同仁與你服務的對象，也會跟著受益。

比爾今日依舊內向，因此教了一整天課之後，他很開心……但也累壞了。比爾在教室前方站一整天後，最慶幸的事是能回家補眠。戴夫正好相反，他性格外向，教完一天的書之後，會想騎單車兩小時，發洩多餘的精力，接著害老婆熬夜，聽他講述今天課堂上發生什麼事。比爾和戴夫都喜愛教書，兩個人都努力培養良好的講課能力，但他們依舊因為各自的秉性，擁有不同的上課體驗。你加強自身能力、真正做到精通某件事的時候，每個人狀況都不一樣——你得運用適合自己的方式，替自己量身訂做。

希望獲得自主性（A）、歸屬感（R）與能力（C），是人的天性；這三件事是你內在動機系統的一部分。每個人都有這三種動

機;當你能在工作中滿足這些動機,拿出最佳表現的機率很高,你會感到和同事感情變好、工作有意義。這就是為什麼我們要培養職涯的ARC。

提醒管理者的話

管理者可以設計機會,讓部屬體驗到自主性、歸屬感與能力。支持能讓員工在工作中得到 ARC 的事,將符合你身為雇主的最佳利益。隨時問自己:我是否滿足員工渴望獨立自主的基本人性需求?我用人不疑嗎?我的團隊能否引導自己?我的部屬是否在工作中學到東西?

你如果在工作上不鼓勵 ARC,你可能得檢視軍心渙散的程度,還得查一查留職率。有員工離職時,找到替代人選的成本,將高達那名員工二〇%至二〇〇%的薪水。如果是關鍵的員工、主管或高層離開,成本最高。相關成本不會反映在你的盈餘,但看得出生產力降低、士氣低落、壓力增加,而這些事又全都可能導致你的員工出現倦怠。沒走的人,通常工作負擔更大,必須接下離職同事原本的工作。一切的一切,又會增加面試所花的時間[8],以及徵人和訓練新員工的成本。如果你認為員工是為了錢而離開,那你搞錯了!人們不是逃離工作——他們是在逃離上

司。致力於提升部屬的 ARC 是成功管理的直接投資。

熱情不是起點

　　我們不相信所謂「只要知道自己的熱情所在,你就知道人生該做什麼」。熱情——自動自發、一心一意只想達成一個目標,是一種罕見的東西。研究也顯示,熱情通常源自對感興趣的領域下苦功,因此你有可能多年都不曉得自己對什麼有熱情。我們留意到,如果真正的熱情在早年就冒出來,通常是對藝術感興趣的人。舞者、歌手、設計師與各種創意人士,他們「從熱情出發」的動機百分比,高過大部分的人。這種現象還滿合理的,因為這類型的人士,他們的「自造者混音」高度集中在表達——偏向由內而外型(內在)的工作動機,而不是由外而內(外在)。藝術家的工作滿意度大多來自內心。對大多數的我們來講,我們的工作則偏向外在——受其他人、情境、體制等因素影響。消防員有消防車與特殊配備,與受過特別訓練的同仁組成大團隊,還與市政府、警方、地方人民有著錯綜複雜的關係。多數職涯都像那樣——除了你本人之外,還有著大量複雜的相互倚賴關係,也因此,你得在那個領域待上好幾年,體驗大量的情境,才能判斷自己適合哪一種職場(這也是為什麼研究告訴我們,大部分的人要到三十五歲左右,才會在職

涯中眞正感到如魚得水）。

　　如果你尙未對工作抱有熱情，不必緊張。熱情需要時間醞釀。如果要累積熱情，那就保持好奇心，留意吸引你的事物。只要你留心，你會在職涯的每一步注意到，你正在做的事是否或多或少帶你走向熱情。如果某件事沒有激發你的熱情，有以下幾個關鍵跡象：

- 你的工作內容讓你感到無聊。
- 你不願意替手中任何的專案「熬夜」。
- 你沒有想辦法精進成為一流工作者所需的技能。
- 你沒有在留意產業趨勢。
- 你不好奇其他同行在做什麼。

　　我們建議你從原地出發，專心設計你熱愛的工作 —— 那樣的工作會激發出最多的成長心態，培養出恆毅力，留意到與生俱來的內在動機。你從中找到熱情的機率很大。

　　我們都想要做有意義的工作，做重要的事。好消息是你是自身的主宰，記得拿出好奇心，開始打造原型，朝更理想的工作前進。改變你的內在對話，從質疑改爲正向的內容，大聲說出那個故事。配合自己的內在動機，培養自己成爲自動自發的創意工作者，同時與他人合作。努力熟悉自己的領域，專心去做讓工作產生意義的事情。當你抱持成長心態來面對工作與人生，當你發揮最高的恆毅

力，你將創造出有意義的工作，這麼一來，自然也會對這個世界產生意義。

　　當然，工作會發生的事還不只這樣——工作上總有一些奇奇怪怪的事，超出我們的掌控，我們不一定有辦法理解。辦公室會有人玩政治，暗潮洶湧，勾心鬥角。下一章將探索如何處理這種類型的特殊挑戰，解釋為什麼弄懂這類事物，將符合你的最佳政治利益。

牛刀小試

你在打造有意義的重要工作時，以下這個簡單的檢查表，可以協助你校準目前做到了什麼程度。替目前與從前做過的工作填寫這份問卷。別忘了，即使你做的某些事沒錢拿，依舊是「工作」，所以也要填進去——你可能因此挖掘出意義與熱情來自生活的哪個環節。

工作描述＿＿＿＿＿＿＿＿＿＿＿＿＿＿＿＿＿＿＿＿

針對上方列出的工作， 評估你「大致同意」（是）或 「大致不同意」（否）以下的敘述。		
問　卷	是	否
1一我幾乎天天樂於工作。		
2一這份工作是我的職涯入門磚，我希望好好做，換得未來更佳的機會。		
3一我今日對這份工作的興趣比起步時濃厚。		
4一我認為這份工作能讓我慢慢找到或者可能找到天職。		

問　　卷	是	否
5—我喜歡學習這份工作帶來的新事物，幾乎天天如此。		
6—工作上的挫折不會讓我卻步。我也不會輕易放棄。		
7—我喜歡設定個人或職業目標，而我藉著這份工作達成目標。		
8—我擁有自主權，我能以我認為最合適的方式做這份工作。		
9—我享受這份工作帶來的同儕合作。這是這份工作最棒的地方。		
10—我精益求精，努力做好這份工作。我希望有一天能精通這份工作的所有要素，抵達下個階段，不斷更上一層樓。		

得分

每個「是」是一分，算出自己的得分。

一到兩分：你工作是為了糊口；你目前的工作八成只是一份工作。

三到四分：你享受你的工作，或許正在打造出一條職涯之路。

五到六分：你正在增強恆毅力，做著自己重視的事。

七到八分：你可能找到天職了。

九到十分：太好了！我真希望做你的工作，甚至過你的生活。

6

權力與政治

無效的想法：我不懂我的工作背後到底是怎麼一回事；有一堆辦公室政治。

重擬問題：我可以學習如何運用影響力、職權與力量，掌握成功之道。

本章來談一下政治。

不是那種政治——是工作上的政治。

聽好，我們理解你不喜歡政治，也不瞭解政治。你說謝了，但不必了，那些鬥來鬥去的事你沒興趣。

我們懂。

但是有個道理很簡單，成功設計工作生活的關鍵，便是瞭解工作中存在的**權力架構**。除非你懂得公司的權力與影響力如何運作，要不然不可能得到想要的結果。你不碰政治不行。

有的改變很容易做到，因為情況由你掌握，其他事情則很難改變，因為相關人士比你官大學問大，此時政治變得很重要。

聽好，有些事你得透過某些人，才能得到放行。

我們先來瞭解辦公室的改變是如何發生的，任何改變都一樣。問問自己，每當你看見工作地點出現變化，先前發生了什麼事？答案是「決定」。如果我們決定鋪新地毯，更換影印機，把公司賣給跨國銀行，用購買取代租用貨車──任何變化都出自某個決定。

決定會帶來改變，直接影響著會發生哪些改變。

所以問問自己：工作上需要什麼才能做決定？

不是時間，不是運氣，不是好看的長相，而是職權。如果要讓改變發生，你需要那個握有職權的人。

假設你是「高點」貨運公司的資深採購，那麼將由你決定公司是否該停止租車，自行購車。你認為就長遠來講，用買的成本較低。換句話說，你握有決定購入大量貨車的職權，你是這項業務的負責人。決定換掉大廳地毯的營運長，或是決定把事業賣給出高價的瑞士企業的老闆也是一樣。如果要做任何持久的決定，你得握有做那件事的職權。

於是問題就變成「那樣就可以了嗎？」有職權的人做出決定，然後影響這個世界？不，世上的事沒那麼簡單。做決定時會冒出雜七雜八的聲音，因此一定會引發其他效應，各路人馬試圖施展自身的影響力。

對有權做決定的人施展影響力,方法一般是針對某項決策提出正反方的意見,因此如果你成功對某個決定施展影響力,帶來了改變,那代表當權者願意受你的影響。在任何組織中,那都代表著一種力量。

大聲講話,試圖影響決策過程,看起來也像在發揮影響力,實則不然。如果想發揮影響力的人,最後沒對決定造成影響,這個人不算影響者。有影響力,等同對有職權者產生影響,後者所做的決定繼而讓改變發生。

說到底,政治真正的定義是發揮影響力。

瞭解什麼是影響力(對當權者產生作用),也瞭解影響力來自何方、如何運作後,我們希望在施展影響力、處理辦公室政治時,能採取更有效的方法,讓工作生活變得簡單有效。

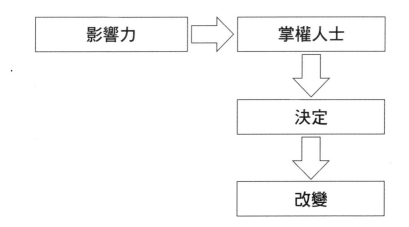

力量大雜燴

職權帶來做決定的能力。

影響力是影響掌權人士的一種力量。

我們來看一個小小的二乘二模型[1]：在下面的影響力與職權圖上，分別是擁有大量或少量職權、擁有大量或少量影響力。

這張圖的含義是，每個組織的內部大致有四種人：有影響力的有權人士（influential authoritarian，簡稱IA）、無影響力的有權人士（non-influential authoritarian，簡稱NIA）、有影響力的無權人士（influential non-authoritarian, 簡稱INA）、無影響力的無權人士（non-influential non-authoritarian，簡稱NINA）。

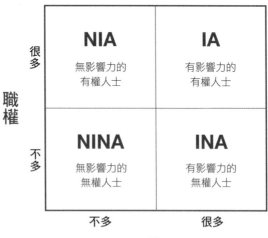

我們來簡單瞭解一下組織裡的這四種人與力量分布。

NINA（無影響力的無權人士）

左下角是影響力與職權雙無的人，他們無權無勢，不是特別有力量。這裡順便講一聲，當NINA沒有什麼不對，每個組織都有大量的NINA，這群人讓事情能夠完成。如果趕走組織裡所有的NINA，剩下的人自然會在圖中重新分布，四個象限裡，每一個象限永遠都有人。這個圖只是用來描述任何情境下的人口分布。

我們不對任何人下價值判斷，只是在描述事物的運行方式。大部分的人都是NINA——他們很珍貴也很重要，但不一定能影響重大決策的制定。教室裡的老師、商店員工、住家附近醫院的多數醫生、美國首府的菜鳥議員，他們全是NINA。

NIA（無影響力的有權人士）

左上角是無影響力、有職權的人士。NIA在組織裡地位相當崇高，但影響力不是特別大，負責的事不一定特別重要，例如總務主任可能負責辦公室座位與影印機，握有重大職權，但影響力不是特別大。他們手中可能握有大筆預算，原因是大樓租金十分昂貴，但他們並未參與組織的策略管理。

　　此外，公司要冷凍人的時候會明升暗降，提供這種把人供起來的虛位。他們的位子很高，但似乎沒做太多事。他們可能從前有過很大的貢獻，獲得了升遷，公司留著他們，但擬定策略方向時不會找他們。公司裡會有NIA，他們不是關鍵人士，但大部分的組織都會有幾個NIA。

INA（有影響力的無權人士）

　　圖表的右側是權力區，這一區的人握有影響力。INA是指有影響力、無職權的人，組織會認真聽這些人說話。事實上，這些日子以來，戴夫在史丹佛實驗室的角色就是INA。戴夫與比爾按照領袖傳承計畫，替史丹佛生命設計實驗室雇用一名能幹的管理主任，她替比爾工作（比爾是整個史丹佛設計學程的執行總監，因此他是大老闆，也絕對是IA），幾乎接手戴夫所有的管理責任。實驗室裡每一個人都向她報告，她再向比爾報告。戴夫還在，依然負責教學與輔導，但他不是掌權人士。不過，由於戴夫十二年前與比爾共同創辦了人生設計課程，也還能提供精采的好點子，他的影響力很大，只是手中無權。

　　每個組織裡都有這樣的人：走在教育理念最前線的老師想發起改變時，校長會聽她說話。當餐廳老闆想變動部分或全部的菜單，或是想換裝潢時，會請教某幾位資深侍者的意見，因為他們最懂顧

客的心。那些侍者也是INA。國稅局的區經理意圖改善網頁設計時，永遠會請民眾服務台的電服人員提供建議。電服人員跟戴夫一樣，他們全是INA。

IA（有影響力的有權人士）

　　最後壓軸的是有職權也有影響力的人士。他們說話有人聽，原因是他們有重要的話要說，也有拍板定案的職權。他們是真正的權力玩家。

　　大老闆（執行長、企業主、總裁、總經理、軍隊指揮官）永遠是IA，但其他人也可能是，一切要看當事人的責任範圍——形式通常是能夠掌握並運用預算和資金。美國的「市經理」（city manager）是永久性的職位，負責監督大型預算，**同時影響著預算**的運用方式。相較於每兩年就重選一次的市長（市長沒多久就下台，可輕易避開），市經理可說是比市長還接近IA。國家美式足球聯盟（NFL）球隊的總教練通常屬於管理階層的第三階，他們要向總經理報告，總經理再向老闆報告，但總教練顯然是IA，因為球隊最重要的事務由他們負最大的責任——贏球進入季後賽（季後賽事關天文數字的金錢）。那是高風險的工作，不贏球就會被解雇，但贏球的NFL總教練，大概是組織裡力量最大的人。

價值主張

瞭解影響力與職權圖是好的開始，但你要如何運用這個模型，增進自身的影響力，好獲得更大的力量？基本方法是配合公司及其他影響者的策略與文化，持續帶來掌權者認可的貢獻。因此，影響力是「你貢獻的價值」與「你貢獻價值後獲得的賞識」的總和。

影響力＝價值＋賞識

一切都與價值息息相關。這是必須瞭解的重要概念，你懂了之後，就不會對辦公室政治抱持反感。我們談政治，是在談施展影響力、能對掌權者發揮作用的影響，而掌權人士握有做決定的力量。影響力來自非常正當的源頭；來自你替組織的策略與文化帶來的實質價值。

握有做決定職權的人，理論上應該一起推動組織向前。如果你在工作時扮演那種角色，你有目標、有策略，試著完成某件事——例如，嘗試打造與販售新型自動車，或是確保顧客逛你的街角雜貨店時獲得美好的體驗。不論你依據職權做出什麼決定，那些決定理論上都是為了公司、夥伴與顧客好。

所以說，假設安潔拉是握有職權的決策者，她聽誰的？嗯，決策者如果認為你有好點子，你的提議能協助公司做更多有價值的

事，**變得更成功，決策者會聽你的**。決策者不會因為喜歡你的衣服，或是因為你和她表妹約過會，就聽你的（**那種事**有時的確是上達天聽的理由，那是糟糕版的政治，不過相當罕見）。多數的影響者確實握有影響力，安潔拉們會聽他們的，原因是他們的建議與忠告能提供價值。

那麼要如何成為影響者？很簡單——替組織帶來價值，意思是你派上用場，做好工作，協助組織變得更成功。重要的是，你帶來的價值一定要在策略上符合組織的方向，並且獲得有力人士、那些有權做決定的人的認可。

如果你帶來價值，但沒人知道，那是崇高的貢獻，但不會讓你獲得影響力。如果你試圖靠大聲發言或爭寵被人看到，但沒做出任何有價值的事，有可能暫時有效，但一下子就會失靈。真正的影響力來自不斷帶來價值，並且因此獲得賞識。這是很好的現象。決策者需要影響者，因為少了影響者，決策者就得靠自己搞定每一件事。也因此在健康的職權與影響力生態系統內，我們所說的健康的辦公室政治，其實可以帶來更強大的組織。

你現在是不是比較喜歡政治了？

糟糕的政治

有時事情的確會出錯，演變成醜陋的政治，沒人想見到那種情

形。醜陋的政治吵吵鬧鬧，代價高昂，還會害到人。有時魚死網破，玉石俱焚，結局是所有人都失業，公司倒閉。

糟糕的政治通常有兩種：第一種是組織裡有人爭權奪利；第二種是公司碰上價值危機。

首先，我們要把「權力鬥爭」（power play）與「權力角力」（power struggle）分開來看。權力角力是指人們爭執怎麼做才正確時，握有合理的論點。回到先前的例子：公司需要貨車時，究竟該用租的，還是直接買下。假設有一方人馬大力支持租賃比較好，理由是這樣更容易更新車隊，另一方則大力支持用買的，因爲成本比較低。雙方都是眞心認爲自己的作法比較好，此時角力是爲了達成理想的決定。組織裡勢力相當的兩派起衝突，不是壞事。那是正當的權力角力，沒有太大關係。做出決定並前進之後，公司將變得更強。發生權力角力時，每個當事人都想替組織做正確的事，只是對哪件事才正確的看法不一。

如果是權力鬥爭，有人想做某件事的原因，不是爲了公司著想，而是在替自己謀利。以貨車的例子來說，愛莉大力鼓吹用買的，不要用租的，原因是她的堂哥是貨車經銷商，愛莉眞正想做的是讓公司向她堂哥買車，藉機大賺一筆。愛莉支持買車的理由與協助公司無關。那是權力鬥爭，不符合也無助於公司的策略，是不可取的行爲。

政治會變糟的第二個原因是公司出現價值危機。

假設蓋斯經營一間巷口雜貨店，生意一直很興旺，但近日顧客開始流失。蓋斯有一群多年來固定上門的顧客，但他們年紀漸漸大了，搬到這一帶的新居民通常會網購，也比較喜歡去販售有機與保健食品的大型連鎖店。蓋斯不曉得該如何吸引新居民光顧他的店，他麻煩大了。事實上，店裡開始虧損，蓋斯恐慌起來。

不論組織是大是小，當你的商業模式碰上挑戰，你會手足無措，不確定好決定長什麼樣子，此時組織便遇到了價值危機。以蓋斯的店爲例，「影響力＝價值＋賞識」的方程式無法派上用場，因爲無法確定「價值」究竟指的是什麼。蓋斯不確定把窗戶上的商標畫大一點，或是增加社群媒體的曝光率（蓋斯三十年前打造出生意興隆的商店時，還沒有社群媒體這種東西），能否帶來更多價值。爲了具備健康意識的新型顧客，在店內販售更多有機食品或是提供送到家服務，是否會增加價值？當你真的不確定（一）爲什麼你失敗，以及（二）該怎麼辦，你提不出應變的策略。此時你會陷入混亂，碰上價值危機。

當你不知道該如何做出明智的決定，你的決策方式會變得很隨意。人們開始聽從點子聽起來最酷或聲音最大的人，朝令夕改，一下這樣，一下那樣，缺乏明確的方向。沒人知道什麼是好決定、什麼是壞決定，狀況有可能一下子惡化。

此外，不只是人口結構產生變化時，街角那間小雜貨店會碰上麻煩。只要壓力龐大、價值混淆不清，任何組織都可能面對這種問

題。比爾任職於蘋果時，賈伯斯（Steve Jobs）已經離開公司（他幾年後又捲土重來），公司連續換了三任執行長，每位執行長都替公司帶來新願景。很快地，公司裡沒人確定究竟該做什麼。「好決定」的指標不斷在變，公司瞬間陷入糟糕的政治。人們吵吵鬧鬧，主張公司該支持他們屬意的計畫，但理由不是那些計畫符合公司策略（公司沒有策略），而是因為他們想趁機累積個人勢力。

我們見過只有三個人的新創公司，也能搞鬥爭。共同創始人無法決定究竟該採取哪項策略。其中兩位創始人（兩人在先前的公司是好友）沒有努力進一步做研究，一起「打造前進的道路」，而是聯手排擠第三個人，爭權奪利。第三名創始人被趕走，最後代價高昂。被撐走的創始人，通常會在公司股票上市時再度出現，打官司拿回他們自認應得的一份。場面很難看，根本不需要搞成這樣，但這種事發生的頻率遠比想像中來得高。

總而言之，當有人為了私利展開權力鬥爭，或是公司發生了價值危機，沒人知道該如何做好的選擇，隨之而來的糟糕政治有可能一發不可收拾。我們建議你留心那種情勢，不要惹得一身腥。你得保持夠近的距離，瞭解狀況，但不能近到被火燒到。多數的糟糕政治情境不會維持太久，最終會有人出手善後。此外，如果你能辨識出那些人是誰，替他們效勞，事情終究會回歸正常。只要你善於觀察情勢，不斷帶來價值，讓正確的影響者及在位者看見你的貢獻──就會發生好事情。

組織一下

　　大部分的人都看過傳統的組織圖。那種依據職權繪製的圖表，標示出在一個組織裡，誰在誰之上，誰位階較低：老闆、二當家、中階主管、勞工。幾世紀以來，人們都是這樣畫組織圖。這種圖唯一的問題，就是沒說出真正的故事，因為公司裡的職權與影響力不是2D圖──而是3D圖。

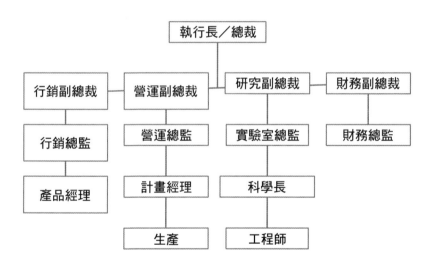

典型的 2D 組織圖

下方的3D組織圖，遠遠較為貼近實際情形：

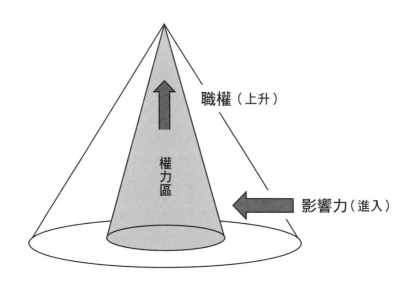

傳統的組織圖只看得見上下關係，這裡的3D圖則同時納入職權與影響力。先前解釋過，職權與影響力同時具有關鍵的重要性。從3D圖看得出來，如同一般的組織圖，當你往上爬，職權隨之上升，因此在圓錐體的愈上方，你擁有的職權愈大。

然而，不只是往上，當你愈靠近X軸的中心，你的影響力也跟著提高，進入權力區。在權力區，要觀察的是「有影響力的無權人士」（INA）與「有影響力的有權人士」（IA），力量較小的影響者在外側（注意：你也可能不進入權力區就往上升，此時你成為無影響力的有權人士〔NIA〕）。

　　3D模式遠遠較能精準呈現權力與影響力在組織內如何運作，以及施展權勢的人如何互動。如果能把這個3D模型變成全像投影，躍然紙上，我們還可以加上旋轉（或許下一本書來弄這個好了），因為這個影響力與職權模型是動態的。工作上的勢力／影響力永遠不是靜止的。如果你停下動作，不努力添加價值，這個旋轉模式的離心力大概會把你拋出權力區。在這個模型裡，你得不斷帶來貢獻，才有辦法待在原處。

　　如果你帶來的價值貢獻愈來愈多，你將進一步進入權力區，影響力將變得更大。如果你帶來的價值貢獻變小，你會開始邊緣化。

　　結論是聰明的設計師會配合這樣的3D動態系統，重擬自己對於組織的理解，努力握有更多權力與影響力。職場就是這麼回事。

給自雇者的話：你閱讀本章時，有可能會想：哇！幸好我是自雇者，不必處理這些麻煩的江湖事！然而事實上，相較於其他類型的工作者，這一章對自雇者來講反而更重要。雖然你**不用**在傳統的組織裡**存活**，也沒人會一直寄更新版的組織圖給你，你幾乎**確定**是在組織裡工作，因為你的客戶通常是公司（即便是個人客戶，政治依舊重要——只是沒那麼複雜）。原因很簡單，你是承包商，你在組織裡沒有任何職權，你得穿梭於那間公司內部的角力。換句話說，在你完成工作時，完全得依賴**影響力**，因

此當你參與健康的政治時，要特別有效率、有手腕。戴夫是無職權、非正式雇員的顧問，已經超過二十年沒吃人頭路。他成功於否，完全得看他能不能有效遊走於客戶公司的政治與影響力架構中。其實沒那麼難，我們保證你終究會上手。

運用你的 X 光透視能力

好了，現在你瞭解了權、影響力與政治，擁有某種X光般的透視能力，有辦法看穿公司的牆壁。一旦你理解影響力左右著良好的決策，決策又會帶來改變，你就能開始看透決策的政治，一切豁然開朗。

你具備了新的X光透視能力，可以判讀、理解與辨識誰有影響力、誰沒有，也看見影響力如何影響到決策，儘管你沒在現場看到當事人做決定。你瞭解了評估價值的過程，而這個過程又如何影響到決定。一旦你開始把這類商業情境看得更透徹，很快就會發現這些新的政治洞見，可以讓你掌控自己的工作生活。不論組織圖怎麼畫，當你瞭解決策實際上是怎麼制定，就更曉得如何在組織裡生存。此外，如果你能和握有力量的人結盟（不論他們的力量來自職權或影響力，或兩者皆有），努力在那些人面前帶來價值，你將以

非常健康的方式參與政治現實——不只是在「玩政治」而已。

你不該坐以待斃，整天像街上傳福音的人，站在街角大喊：「我們不該買貨車！」

那只是聲音大。

不是價值。

聲嘶力竭不會帶來影響力，只會讓你惹人厭。

彼得與勢力龐大的護士

彼得是醫師——傳統的家庭醫師與全科醫師。他住在大型都會區，附近有大型的研究醫院，但也有一些小型的社區診所。彼得在小診所兼職，也在自己的私人診所看病。此外，彼得不只是醫生，剛好還是徹頭徹尾的電腦迷；他在國中加入火腿族社團（萬一你太年輕，查一查這是什麼意思）之後就是了。

彼得兼職的那間小型診所，正考慮建置新的電子醫療紀錄（electronic medical records，簡稱EMR）系統，彼得很想參與此事，因為他既然是電腦迷，很擅長這種東西，自認能幫上大忙。然而，彼得只是診所的兼職家庭醫師，主事者在建置EMR系統時，不會有人想到要請教彼得。

一天，彼得在輔導時間向戴夫提到此事，抱怨診所在裝設EMR時，自己使不上任何力。戴夫要彼得描述那間診所的整體情

況，他知道，如果彼得想在這件事情上如願，必須配合診所的狀況——彼得必須知道對這個組織來說，哪些事重要、哪些事不重要——唯有瞭解這點，才能著手找出如何影響關於EMR的決定。

「嗯，這家診所正在成長。」彼得說：「但是規模還負擔不起面積更大的診間，所以只好增加看診時間。結果大受歡迎，民眾非常喜歡晚間能到地區診所看病，所以我們有好幾輪的晚班。班表有點複雜，尤其對護士來講很麻煩。還有我告訴你，最近真的得注意埃絲特。」

「等等，彼得，誰是埃絲特？」

「埃絲特是診所護士長，她待很久了，不停升職。你要是去過那間診所，你會以為整間診所都歸她管。」

戴夫說：「請繼續說。」

「由於我們現在要輪三班，不再只有一班，不同班的不同護士要照顧不同的病人。交接要做得很周全，要不然病人會有危險。整件事變得非常流程導向。埃絲特很喜歡那樣，她超級擅長流程控管，盯著每個人遵守規定。埃絲特也是EMR建置團隊的一員，代表護士那方的意見。」

彼得接著告訴戴夫建置EMR的事。

「診所主任和資訊部長負責這件事，他們有權下決定；他們非常希望推動電子醫療記錄，因為那樣一來，向保險公司收錢會容易許多，但是他們沒考慮到病患照護會受到的影響。」

　　戴夫問彼得：「一旦EMR系統架設好，每個人都得一邊照料病患，一邊輸入資料嗎？那樣難道不會大幅影響每一個人，尤其是護士？」

　　「當然會。」彼得表示：「事實上，我知道埃絲特有點沮喪，因為關於EMR系統將如何影響到她手下的護士，以及整體的病患照護品質，她希望多提出一點意見。然而，她告訴我，討論到技術性的問題時，她就有點緊張，也感到在進行這項計畫時，其他人不把她當一回事。」

　　彼得的X光透視眼，亦即他對於政治、影響力，以及組織如何做決策的新理解，在此時派上了用場。彼得發現，埃絲特八成是組織裡的重要影響者（她多次升職），而且她提到希望在EMR一事使上更多力。戴夫建議彼得打電話給埃絲特，邀她喝杯咖啡，分享他跟她一樣，十分關心病患照護的品質。此外，彼得還應該提到自己對電腦很熟，也懂得在建置EMR時，如何要求有良好的使用者介面和方便操作的軟體。戴夫更額外建議，彼得應該告訴埃絲特，EMR可以如何改善護士的體驗，那一點是埃絲特十分在意的事。

　　兩星期後，彼得向戴夫回報結果：「你的建議太靈了。我和埃絲特見了面，我們坐下來談EMR計畫，我現在也加入了EMR團隊，能夠影響團隊中的主要成員之一，齊心協力改善病患的照護。這是我加入過最棒的計畫團隊。」

　　在某些人眼中，彼得只是不具影響力的兼職家庭醫師，沒人知

道他有軟體方面的專長，也沒人有興趣花力氣瞭解。然而，由於彼得發現埃絲特握有影響力，也找出在增加價值這方面埃絲特在意哪些事，便自動請纓，用軟體跑埃絲特的流程，協助她釐清在EMR系統中，哪一種方便使用者做事的軟體介面能改善病患健康。彼得因此瞬間進入EMR計畫的影響區，也眞的發揮了影響力。

彼得搞了政治。

結果彼得和組織都獲得好處。

最基本的一件事，就是設計你的工作生活時，你要運用這個新獲得的X光透視眼，你現在知道組織是一個3D的旋轉金字塔，由影響力和職權組成，你要好好運用這一點。健康組織裡的政治，可以讓組織運轉更順暢。一旦你看出發生了什麼事（甚至能透視牆壁），找出權力與政治是如何運作，你就能決定你希望當哪種類型的影響者。只要你配合組織的策略與目標，不違背內心羅盤的價值觀，我們預測將發生好的轉變。

因爲那是在運作恰當的政治。

一旦你能夠更得心應手地發揮影響力，可以試著走職涯中威力最強大的一步——就在目前的所在地，重新設計你的工作。

牛刀小試
找出誰當家的練習

這是一個非常簡單的練習，做完後你通常會嚇一跳，突然弄清楚組織的情況。像下面的範例那樣，畫出田字形的表格，在每個象限分別標上 IA、NIA、INA、NINA。

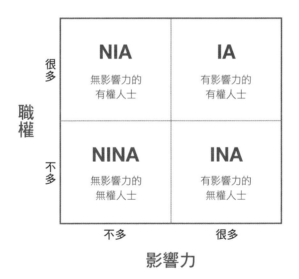

想一想你在工作上持續碰到的議題（例如：彼得診所的 EMR 計畫），在方框左側列出所有相關人士的名字——只要沾上邊的

都不要漏掉。接下來，依據每個人的影響力與職權，把全部的名字擺進合適的象限。

最後得出每個人與「權力區」之間的關係。好了之後，問以下幾個問題：

1. 你留意到哪些事情？
2. 是否有人所處的象限出乎你的意料？
3. 你需要哪些資訊，才能決定每個人該擺在何處？

如果你和身處相關情境的大多數人一樣，只要找出誰有影響力、誰則無權又無勢，也弄清楚其他相關人士所處的政治立場，你將明白組織真正的運作方式、是由誰來下決定。一旦你瞭解那一類的事，就比較清楚接下來該做什麼（包括最好別做的事）。

7

先別急著辭職，重新設計後再說！

無效的想法：我的工作有夠爛，我要辭職！
重擬問題：沒有爛工作，只有很不適合的工作。我可以重新設計現況，替自己打造出「好」工作。

有時，你痛恨你的工作，或者工作讓你無聊到打呵欠，沒什麼挑戰性。你感到這份工作只是騎驢找馬，但二十年後，你依舊卡在原地，重複做著一樣的事。

或許以上皆是。

除了卡住的部分。設計師不會卡住，他們懂得如何脫身。再說了，離職很少會是設計師第一個考慮的選項。

講得白一點——不要辭職，先等一下。

目前的你大概聽不進那句話，我們的意思也絕非永遠不要辭職。我們更不認為，你無論如何都得待在現在的工作崗位上（下一

章整章都在教大家如何好好辭職，因為每個人最終都會離開某份工作）。然而，我們的確看到人們冒險辭職，忍受一堆麻煩事，從頭再來一遍，但實際上只需要重新設計一下，就能大幅改善工作體驗，而且設計的原料，在他們目前所處的環境裡就有。重新設計不容易，但遠比全部從頭開始輕鬆，也因此至少先瞭解一下重新設計的選項，在做出任何衝動的決定之前，先嘗試幾個新點子。

以你目前的狀況來講，你至少握有兩樣東西——第一樣是你目前的工作，第二樣是一間知道你這個人的公司。如果你在公司待過很長一段時間，你八成已經發展出扎實的內部人脈網與支持系統。此外，你也清楚明白公司哪裡做對了、哪裡則有問題。此外，如同其他任何的親密關係，時間除了會顯露父母、另一半、朋友的不足之處，也會讓人看出同事、主管與公司的缺點。我們都會沮喪、不耐煩、厭倦老是在忍耐現況。然而，在你跳槽到新地方，一切得重來之前（然後立刻發現，新公司也有各種狗屁倒灶的事），先看看能不能在不必負擔換雇主帶來的成本與風險的前提下，重新設計你目前的工作。

我們將教你改變工作的辦法，讓你再次感受到躍躍欲試，挑戰性十足。工作將與你配合得天衣無縫，如同你最喜歡穿的那條牛仔褲。我們協助過許多和你一樣的人診斷問題，找出良方，最後整理出四種重新設計的策略。你想重新設計工作生活時，可以試試這四種策略。視情況而定，總有一種可以協助你脫困：

1. 重擬與再度投入你目前的工作，找出不一樣的故事，建立不一樣的關係，依據組織的優先目標，重新排列工作的優先順序——在這個過程中，讓自己變得更有價值。

2. 改造你的工作，配合自己的興趣，但也發揮招牌優勢，同時做淺層與結構性的調整，提振工作績效。除了你的上司會開心，當你有心投入工作，自己也會更快樂。

3. 轉換職務：轉換到同公司的新角色，即便乍看這不像是順理成章的選擇。可能是原本就有的職缺，或公司特別替你開的缺。

4. 砍掉重練：展開全新職涯。那是「2.0 版的你計畫」（You 2.0 Program）：在同一間公司扮演完全不同的角色，而你做足了準備，重新接受訓練，有辦法來一場職涯大轉換，只是雇主依舊擁有你這位忠實、寶貴的團隊成員。

無效的想法：我的工作爛透了，我得換一家公司，才能有更好的工作。

重擬問題：辭職前，先確認你已經做足了功課，找出在你目前工作的地方可以擁有的所有選項。你尋找的更佳工作（或案子），或許近在眼前。

聽著，我們知道你很想找新公司的新工作或新職涯，或是跳進（或跳出）自雇生活。大多數的人感到目前的工作做不下去時，那是他們冒出的第一個念頭。然而，人生設計與工作設計看重的作法是打造出新版本。我們協助過成千上萬的人，藉由設計思考改善生活。運用完以上四種重新設計的策略之後，我們相信你有很高的機率能讓工作生活煥然一新。反正呢……試試看這些點子也不會少一塊肉，即便你最後的結論仍是不離開不行，非得跳槽到別處展開新工作不可，你在重新設計工作所做的努力，也能順便讓你更有辦法尋找新公司及新工作，最後和目前的公司好聚好散。

事先的叮嚀——有害的工作環境
小心：有的工作要直接快逃！

萬一你身處有害的工作環境，沒獲得尊重，被騷擾或虐待，那就要以最快的速度離開。沒有人應該為了保住一份工作，而忍受不安全的工作環境。如果你的主管是「豬頭」，讀一讀我們的同事羅伯特・薩頓（Bob Sutton）所寫的《拒絕混蛋守則》（*The No Asshole Rule*）與姊妹作《職場零混蛋求生術》（*The Asshole Survival Guide*）。薩頓的著作全面檢視有毒老闆的學術

研究（沒錯，研究這種東西其實可以拿博士學位），提供該如何
處理那種老闆的實用指南。兩本書都很輕鬆有趣，給的建議也很
明確，教你如何面對職場及生活中的混蛋。

你的祕密武器

　　你工作的地方如果員工超過百人，大概會有各種不同類型的工
作。此外，我們假設，幾乎每一種工作對公司的成功都至關重要，
要不然當初也不會設立那個職位。由於你實際上是公司的「內部人
士」（你在那兒工作，不是嗎？），自然更清楚公司有哪些類型的
工作，也更可能爭取到職位。你瞭解狀況的程度，絕對勝過外頭的
可憐路人，他們可沒有內線消息。

　　所以說，一旦你下定決心要「換工作」，為什麼不先嘗試換到
內部就有的工作？你具備現成的人脈，輕鬆就能建立原型對話。此
外，你在內部的社會資本與政治資本對你相當有利。

　　相較於外頭的人想在你的公司找工作，你擁有許多不公平的優
勢。公司相當清楚你的能力，儘管目前的工作對你來說已是大材小
用，對公司來講，挑你的風險自然比雇用外人小。此外，由於你是
優秀的生命設計師，已經培養好內部的人脈，公司內大概不缺賞識
你才華與潛能的同事。所有的優勢加在一起，運用在內部找工作的

策略，你將更可能找到理想的「下一份工作」，更可能雀屏中選（如果你說得出好故事），也更可能在新崗位上有所表現，因為你已經做過研究，瞭解公司文化，曉得公司需要什麼樣的人。

提醒一下：以上的建議是假設你在目前的職位已有一定的成功度，公司裡也有人賞識你、支持你。因此，現在應該認真檢視你的工作表現，評估自己的資產與負債。

設計思考並不是變魔術。萬一你先前沒有替目前的工作盡最大的努力，你大概得自我反省，甚至暫停重新設計工作的流程，直到問題處理完畢。如果你在公司內部尋求新工作，你必須先證明自己在目前職位的價值。有一條管理原則眾所皆知：不要轉移問題，先搞定它們。如果你是問題員工——在任何的重新設計策略中，在目前扮演的角色裡修正自己，將是「步驟零」，接著才能進入「步驟一」。別擔心，要花多少時間看你自己。你再回來時，我們還在這裡等你。

策略一：重擬與再度投入

這個策略同時具有簡單與困難的部分，先講好懂的部分——你最後留在目前的工作，但喜歡這份工作的程度大幅提升。然而，方法不是為自己洗腦，每十五分鐘就在心中默念三遍：「我喜歡這份工作，我喜歡這份工作，我喜歡這份工作」。這個辦法的效果大概

不會太好，必須出現一些改變才行，不過以這個策略來講，你得自行帶來相關的改變。好了，現在是困難的部分——與你的工作建立重擬後的關係，再度有辦法用心投入工作，帶著更快樂的心情前進。如果你適合應用這個設計法，八成是因為自從你進公司後（或是不論你擁有哪種類型的雇主），公司產生過變化。很久很久以前，這份工作很適合你，遠比現在好，但組織內內外外發生過各種事之後，日積月累，環境不一樣了，原先美好的工作，這下子變得水深火熱。

戶外極限體驗訓練「外展公司」（Outward Bound）有一句座右銘：「無法往外逃脫，那就往內正面迎擊！」我們這裡要做的事，道理就是那樣。首先我們假設，讓工作變得很糟的那些變化，同一時間也提供了素材，可以用來重擬工作，重新設計你與這份工作的關係。

工作變難做，但不是存心刁難

約翰任職於田納西州一間中型航太製造公司。當年他從技術學校畢業，就進入這間公司，從最初的組裝線工作人員，一路穩定地升為產線技術人員，負責替生產設備解決故障，再升為品管經理，負責確認公司製造的零件全數符合嚴格的要求。要飛上天的民航機，可馬虎不得。

　　約翰以自己的工作爲榮，也以公司爲榮。他告訴朋友：「我們製造的零件讓飛機安全飛上天。」約翰在公司一待十六年，感到自己的工作與價值觀達到一定程度的一致性，相當滿意自己做出的人生選擇。

　　然而，大約在一年前，約翰有一天被叫去參加「全員」大會，上司的上司的上司解釋，公司在一場「槓桿收購」中被賣給私募股權。約翰不確定那是什麼意思，但大大大老闆向大家保證「一切都不會變」，公司會維持從前享譽業界的正向工作文化。

　　上頭是那樣保證的，但一切幾乎立刻變調，每況愈下。

　　新的管理階層指定新的零件產量，一口氣提高了一八‧五％，而且講得很白，他們認爲從前的管理階層沒有帶來具競爭力的產量，所以整頓公司的時間到了。約翰認識的老經理大多選擇提早退休，但約翰這個層級的員工無福享受到早退制度。

　　新老闆想讓公司增加產量是自然的。新官上任幾乎總是三把火，總以爲自己比別人高明。約翰心想要不了多久，他們就會明白，逼太緊會影響到品質，航太這一行，品質絕對不能妥協。忍個一陣子，事情就會回歸原本的樣子。約翰試著順其自然，盡量配合新管理階層的要求，爲了因應提升的產量要求，開始加班，很快地連週六也上班，有時週日也得工作。約翰擔心產能增加會影響到零件品質——時間不夠多，而品管部門的人手不足以滿足新的要求。約翰向新經理提過這件事，但新經理告訴約翰，他得適應新的時程

表，不然就「回家吃自己」。看來增加產能的要求是不會改變了，約翰卡住了。

約翰絕對不能失去這份工作。

事情是這樣的，約翰的兒子罹患慢性病──需要倚賴昂貴的免疫治療藥物，隨時得接受醫療照護。兒子所需的治療，費用幾乎是約翰薪水的兩倍，幸好公司提供慷慨的醫療保險方案，自付額不是太大的負擔。約翰絕對無法換公司，他不能沒有老東家提供的保險計畫──約翰家附近只有這間航太公司，況且要是換了新雇主，按照兒子先前的病史來看，很難找到新公司願意承保，甚至完全無望。兒子的健康正在好轉，但醫生說至少得多治療一年，才稱得上脫離險境。

那是困境，真真實實地卡住。

約翰陷入貨真價實的難題。

你碰過這種情境嗎？為了一個好理由困在糟糕的工作裡？你為了一份工作，冒險搬到新城市，最後卻和你期待的不一樣。你喜歡新地方，但不喜歡新工作。你可能和新主管八字不太合，或是公司的市場開始萎縮，每個人壓力都很大，你熱愛的工作不再有趣。

或是你的公司和約翰一樣，換了新老闆，就變成完全不同的一間公司。你每天到相同的地點上班，坐在同一張桌子前，工作內容和先前大同小異──但一切都改變了，從前能指望的事，現在都不同以往。

　　我們都喜歡一致性，改變很嚇人——尤其關係到財務與家人的安全。公司被賣掉，不是約翰的錯；成功的條件改變，不是約翰的錯；兒子生病，更不是約翰的錯。約翰碰上的事都不好處理，甚至不公平，但是都已經發生了。

　　在約翰眼裡，只有三條路可走。

　　他可以氣憤新主管提出他認爲不合理的要求，大喊這不公平，義憤填膺。約翰可以忿忿不平，向新的管理階層投訴，主張事情應該回歸正軌——回到先前幸福快樂的狀態。

　　這種作法大概是狗吠火車，搞不好還會被解雇。對於近日的改變，約翰的看法或許是「對的」，但可能是挖坑給自己跳。約翰感到抗議的風險太大。再說了，他也不喜歡隨時處於憤怒的狀態（他的妻兒也不喜歡）。

　　約翰能走的第二條路是照常去上班，混一天是一天，畢竟他需要這份薪水，兒子需要保險。約翰可以改成對工作漠不關心，睜一隻眼、閉一隻眼，只要不被炒魷魚就好。蓋洛普調查顯示，六九％的美國勞工採取這種作法——乾脆不把工作放在心上。這種現象隨時都在發生。

　　然而，約翰直覺感到這不是理想的作法。他如果走這條路，他將不再是他，而且不會變得更好。自己一輩子憑良心做事，這下子卻得違背原則。約翰不願意付出那樣的代價。他才不要像行屍走肉一樣地工作，就算暫時忍一下都不行。

　　約翰因此選了第三條路。既然工作環境已經改變，就該重擬面對工作的方式，替自己的工作創造新局面。約翰決定再待兩年，等時間到了，再重新評估。約翰下定決心，他要保障家人的安全──確保兒子得到亟需的醫療照顧。約翰決定把再做兩年當成「目前夠好」的策略。一旦做了那個決定，他突然鬆一口氣（他再也不必感到心累，每隔一小時就想一遍到底該不該辭職），甚至恢復一些精神（現在他知道自己還會待上一段時間，決定努力留下美好的回憶）。約翰知道，當個用心工作的員工，才算對自己和雇主盡到本分──工作時就好好工作。約翰在某個週末下定決心，再度當個投入的品管經理，替公司盡心盡力，至少再撐兩年。從星期一開始，他每天會好好去上班，發揮自己的能力──尊重雇主的需求，也尊重自身的需求：他這輩子不想得過且過。也就是說，約翰必須每天記住自己的「為什麼」，改變心態，從尋求最大的個人職涯滿意度，變成追求讓家人溫飽與治病。約翰花了一點力氣才習慣──改變我們的「為什麼」不一定容易，但約翰配合換了老闆的新環境，逐漸改變工作策略，成效驚人。

　　約翰重新投入工作幾個月後（他當然沒告訴主管這件事），他和部分的新同事培養出全新的關係。每當工作壓力太大，或是上司的要求太刁鑽，約翰有辦法避免反應激動，不放棄也不動怒。他學會協調出合理的界限，工作上雖然有一堆要求，他依然有時間留給兒子與家庭。約翰最後還想出辦法，加快品質保證流程的速度，維

持一五％可接受的增產目標。約翰不得不承認，要不是新老闆給了
壓力，他永遠不會多花心力想出那些改善辦法。約翰設計的新品管
方法，帶來完全符合顧客規定的可靠產品——約翰很自豪能加快流
程，甚至逃過某一輪的裁員（事情一旦開始改變，通常會騷動好一
陣子），從頭到尾保持正面的態度，跟從前一樣對公司盡心盡力。
最重要的是，約翰不再試圖掌控自己無法掌控的事。兩年後，約翰
決定再待兩年，屆時兒子的療程應該結束了。至於以後的事……誰
知道呢。

　　依據新的情境、新的「為什麼」重擬我們的角色，安排我們的
活動，有時就能搞定一切。

　　約翰的例子絕對是這樣。

　　重擬與重新投入這一招的重點是苦中作樂。這個作法不一定永
遠行得通。萬一約翰被迫生產不符合安全品質標準的產品，就算得
冒著失去醫療保險的風險，他還是得決定是否要違背良心，繼續留
在公司。此外，有時這只是權宜之計。兩年後，約翰可能決定續留
沒意義，但如果走不了，重擬與重新投入是讓現狀夠好的好方法。

　　這個策略的步驟直截了當：（一）接受現實；（二）找出「為
什麼」的新源頭，向自己解釋為什麼要繼續做這份工作；（三）重
擬你與工作、公司的關係；（四）重新投入，當一天和尚，就要敲
一天鐘；（五）一路上尋找新的好處與滿意感的源頭，讓一切顯得
暫時夠好。

策略二：改造

　　你可以改造目前的工作，透過表層或結構性的改造，讓生活更有活力。表層的變化，不僅僅是換新髮型那麼簡單，只是同樣工程浩大──新油漆、新地毯、新家具、全新的音響系統，全部加起來帶來新穎的**體驗**，但不需要拆牆。如果是這種類型的重新裝修，通常不需要取得太多的高層允許。結構性的改造規模就比較大，涉及的層面也廣──例如需要敲掉一面牆，打通廚房和起居室，合成一個大空間，面對景觀重新美化的庭院。那是大工程，但你大概不必把房子拿去二度抵押，就能重新裝潢，也不必動用搬家卡車。

喝八杯咖啡就能做到──表層改造

　　安靠著表層改造，全面提振了工作**體驗**，而且完全靠自己，沒事先請任何人放行。安是財務服務公司的資深銷售代表，主要業務是小型企業放貸。業務欣欣向榮，安精明能幹，公司很器重她，獎金也給得很有誠意。公司蒸蒸日上，安沒有不快樂，真的，她只是有點精力過剩，有時感到無聊。她在公司待了三年左右，十個月前，職稱已經加上「資深」二字。安喜歡自己的工作內容，但她想要更多。安沒有很想升官，萬一升到她上司的位階，所有時間都得拿來管理，不會碰實際的銷售。安喜歡銷售，喜歡開發新客戶，也

喜歡和老客戶聊天。營運部門那邊，她也不是很感興趣，那……這樣還能怎麼辦？

安問自己，目前已經在做的事，可以的話，有哪些想要多做一點。安幾乎是瞬間回答自己的問題：面試！公司正在成長，所以定期聘用新員工，安喜歡面試新人——她自己的銷售領域與公司其他部門的職缺，她全都有興趣。安喜歡認識新同事，協助他們融入公司。她面試過的人，不少人在進公司之後請她提供建議，私底下請教她。大家都喜歡和安聊天，安也喜歡那類的談話——那給了她改造工作的靈感。

事情是這樣的，安是天生的人才培育者——她擅長聆聽，充滿同理心，瞬間就能洞悉人心，那就是為什麼她能成為對外銷售的天才。不過，同樣的長處讓安也能當公司的內部教練。安向來能「在一旁」協助同事表現得更好，解決內部的工作問題，那麼為何不定期協助更多人，而不只是偶爾幫助上門求教的同仁？安先小小試行，以低調但有效的方式打造原型。她去找了四個人（四個人來自不同的部門），他們都曾向安求助，也感謝她提供的真知灼見。安問他們是否想要定期聚會，討論如何改善績效或解決問題。那四個人一聽便立刻答應。安和他們各別約好上班前一同喝杯咖啡，接著三週後再喝一次。就這樣，不到一個月，安已經進行了八次輔導（當然，她沒說自己是在輔導人），每次輔導都利用上班前的三十分鐘，成本只有八杯咖啡，小事一椿。安沒有主動提供後續的見面

時間，因為她想看看大家的反應。喝完第二次咖啡後，四人中有三人和她約了下次碰面的時間，這下子安知道成效了。她答應那三人的請求，並詢問他們的部門會不會也有同仁想進行這樣的對話。三人一致認為肯定有這需求，他們會問看看。一、兩週內，就有五個部門共八人，請安挪出時間和他們聊一聊。

安還未和所有人約好時間前，先和主管進行每月固定的一對一面談。她告訴銷售總監，自己開始和新員工喝咖啡聊工作，有不少人繼續跟她約時間碰面。安告訴主管她喜歡做這件事，而且是「兼職」在做，本職的銷售工作完全不受影響，但是她覺得還是應該告知一聲，因為這對銷售團隊是百利而無一害。銷售總監告訴安：「嗯……聽起來沒什麼問題。我希望更多人和妳一樣主動做事，安，做得好！」（大部分主管會很高興員工在不影響原有職責的前提下，帶來額外的價值。公司通常不會拒絕你自願多做一點。）

安的方法是一週只挪出三天，提早三十分鐘到公司，那並不難。她有辦法一次擔任九位同仁的教練。當教練對安的行程影響不大，卻深深影響她的工作體驗。她每個星期都讓同仁的人生有所不同，還深入認識公司的所有部門，她因此成為更聰明的銷售人員。在公司餐廳裡，愈來愈多人認出安，安也因此感到公司更像家，更覺得身為員工的價值被看到。人資長最後也聽說了安的早晨咖啡俱樂部，便約她吃午餐，聽安描述她是如何發起這件事。人資長想知道，是否有其他員工和安一樣擅長輔導人，可以加入安的行列。此

外，安是否願意加入公司的特遣部隊，一塊研發內部的教練計畫？安的主管給她三個月時間，允許她一週空出一天加入那支特遣部隊，最後成功推出計畫。安繼續開心地待在原本的銷售崗位（她熱愛銷售——她只是希望工作不只有銷售），主管特准她一週挪出半天，長期擔任教練。安不曾請人放行，也從來沒停止原本的工作，只是擬定小規模的工作改造，最後大幅改善了工作滿意度。

你好奇自己能否如法炮製？學學安，先從你原本最喜歡的工作著手，打造出多做一點的原型，你的方法要讓雇主感到那樣還不賴。如果可行，再繼續打造前進的道路，抵達更開心的工作。

有時光是淺層的改變還不夠。不論如何重新擺放家具，房間的形狀都不會變，此時將得拆掉幾道牆。萬一你想拆的牆是你的工作職責，就必須費點功夫——而且重新設計時要有技巧。

來拆牆吧——結構性改變

莎拉從小就對科技深深感到著迷。

高中時，她比較想加入格鬥機器人隊，對草地曲棍球隊沒什麼興趣。寫程式增強了她的機器人武力值，有趣的程度遠勝過她大部分朋友在社群媒體上所做的事。莎拉後來到麻省理工學院（MIT）念程式設計與機器人學，確定找到了心目中的天堂。她找到同類——這群人熱愛複雜的控制系統和反饋迴路，命令機器照他們的

指令做事。

　　莎拉以名列前茅的成績從MIT畢業，進入人人擠破頭的矽谷公司。起先她很開心，負責寫程式，打造很難打造的東西。她熱愛她加入的軟體團隊，所有人都是程式設計師，都和她一般內向。只要她能準時交出好程式，跑起來夠快，通過層層測試，似乎沒人在乎她是科技宅女。

　　幾年後，莎拉升為小組長。一開始，她覺得升官還不錯──升職永遠是好事（對吧？），而且隨之而來的加薪還加得滿多的。莎拉喜歡帶領眾人討論如何打造新程式，協助組員想出新的除錯公用程式，加快寫程式的速度。然而，當上主管後，莎拉每兩週就得開一次會，討論預算、日程表，以及其他她完全不愛的行政事務。開這種會讓莎拉坐立難安。輪到她的時候，她得在管理階層面前講話，報告團隊工作進度，還得替小組的預算與進度辯護，並且更新近況。一切對莎拉來講都不容易，進度和預算的部分更是糟透了，永遠在惱人的會議中引發爭論。更何況，那種會議不是開完就沒事，每・隔・一・週就得來一遍。

　　新職務的開會環節毀了莎拉的生活，她甚至考慮辭職。反正好的程式設計師超搶手，她愛去哪家公司就去哪家。

　　莎拉不確定該怎麼辦，只知道這樣下去不行。

　　莎拉知道自己喜歡電腦與程式的程度勝過和人打交道。人類是一種亂七八糟的生物，勾心鬥角，莎拉不喜歡處理跟人有關的事。

她有辦法和同組的程式設計師工作，因為他們理解彼此，但是預算、行程表、人事管理什麼的，莎拉沒轍。

　　不過，很重要的一點是莎拉感到好奇。為什麼她有辦法和程式設計師開會，但受不了和財務與管理同仁開會？管財務的同事也是人。這說不通。莎拉是一個務實的人，也是熱愛數據的程式設計師，所以她決定找出原因——為什麼工作的某些部分她做得很好，其他「棘手、關於人的環節」則讓她渾身不自在。莎拉聽說這方面的難題可以做一項測驗[1]，或許能得到一些資訊。莎拉親自研究後（她對心理學的東西，一般抱持懷疑的態度），決定做做看「克里夫頓優勢評估測驗」（CliftonStrengths Assessment，你可能聽過這項測驗的另一個名字：「能力發現測驗」〔StrengthsFinder〕）。

找出你的長處

　　你可以上網做克里夫頓優勢評估測驗。這個測驗整理了心理學家唐納‧克里夫頓（Donald Clifton）研究的「招牌優勢」（signature strength）。這不是MBTI（Myers-Briggs Type Indicator）一類的性格測驗，而是挖掘克里夫頓定義的三十四種可獨立驗證的優勢，與「職場成就」和「工作者滿意度」有關。在克里夫頓優勢模型中，優勢是指「天分」（你天生就有）加上

「知識」（你經過一段時間後，在相關領域中學到的事），再加上「技能」（借助相關知識採取行動所需的經驗與熟練度）。該測驗替各種優勢取了奇妙的名字，例如：「思維」（Intellection）與「取悅」（WOO），但全部與工作上實用的事物有關。

知道自己有哪些招牌優勢有其用處。數據清楚顯示，有辦法在工作中施展招牌優勢的人士更為成功。克里夫頓優勢評估測驗的母公司蓋洛普指出：「人如果有機會每天做最擅長的事」，認真工作的可能性是六倍[2]，自認擁有絕佳生活品質的機率是三倍。對任何大型組織來講，這樣的差異可能價值數百萬美元。

克里夫頓的數據對應到數百萬工作者，而人資與人才管理領域一般視相關數據為可靠的資料。我們不常推薦大家做測驗，不過有時可以客觀評估一下，看看能否取得更多資訊，瞭解什麼樣的工作適合自己。

克里夫頓優勢評估測驗協助你找出招牌優勢。如果能善用優勢，重新設計工作，數據顯示你大概會更快樂，享受自己帶來的貢獻——換句話說，你更有可能感到工作有意義。你如果是獨立承包商，在許多不同的情境承攬各式專案，不在單一公司擁有單一的工作職責，找出自身優勢將特別有用。如果你是這種工作模式，詳細瞭解自身的優勢，可以協助你在每一次的新專案中發揮創意，把精力集中在關鍵環節，提振生產力。

　　莎拉做完克里夫頓優勢評估測驗後，找出自己的招牌優勢依序是「分析」（Analytical，這方面特別有天賦的人，他們會尋找理由與原因，有能力思考所有可能影響情境的元素）、「蒐集」（Input，這方面特別有天賦的人，渴望知道更多事，通常喜歡蒐集與儲存各式資訊）、「成就」（Achiever，這方面的佼佼者活力十足，努力工作，忙碌和具備生產力能帶給他們極大的滿足感）、「審慎」（Deliberative，這方面突出的人，在做決定或選擇時會特別小心，事先預料到障礙）。

　　此外，莎拉還有一項分數也很高：「關聯」（Connectedness，這一項出眾的人，相信萬物萬物之間有關聯，很少有巧合，幾乎每件事都是有原因的）。這一項出乎莎拉的意料。她完全不認為自己擅長所謂的「關聯」，但她和組員談她的長處時，所有人都說這一點很明顯（克里夫頓優勢評估測驗的設計是，你應該至少和其他人分享五次你的測驗結果，完整瞭解其他人是如何看你、認為你有哪些優勢。討論是重要步驟，因為世人對我們的看法，我們不一定準確知道）。莎拉判斷同事說得沒錯後，得出她在找的洞見。莎拉在管理軟體團隊時，人的環節不是問題，原因是她看得見連結，知道如何以團隊合作的方式，寫出好程式──莎拉發揮「關聯」優勢時，完美克服內向者擔任團隊領袖面對的挑戰。莎拉明白對公司營運來講，專案時程與預算很重要，但不會直接影響到軟體的品質──那純粹是行政事務，和寫程式毫不相關。對莎拉來講，由於

時程與預算「不相關」，她的「關聯」優勢起不了作用。莎拉感到
會議上的事無關緊要，再加上性格內向，每兩週要開的管理會議令
她感到彆扭又不開心。有沒有辦法去掉她的工作中預算和時程的部
分，多做一點程式架構的工作？那將是一大改變。莎拉必須敲掉幾
面牆，同時也需要協助。困難的步驟將是找出誰能接手時程與預算
的工作——到底會有哪位工程師喜歡那種東西？

　　莎拉靈光一閃。

　　生產工程師。

　　莎拉知道，有一小群工程師大部分的時間都在排時程——生產
工程師團隊會接手完工的軟體，透過下載網站向外界釋出。他們負
責防火牆、版本號、價格更新，以及所有軟體上市時很麻煩、但也
非常技術性的事務。那群工程師以時程為尊，奉為圭臬——只不過
他們負責的時程，接在開發團隊完工之後。生產工程師擅長排時
程，有的人甚至喜歡時程，預算的部分也一樣，因此他們能輕鬆接
手。此外，生產部老愛煩開發部，不停地追問：「你們到底什麼時
候會好？測試版本好了嗎？還要多久才能釋出問題更新？」沒完沒
了。為什麼不讓生產部負責管理開發部的時程？這樣生產部會多出
額外的工作，但他們就會停止追問莎拉的時程，因為他們早就有所
掌握。再說了，生產部原本就會參加兩週一次的會議，那個部分不
會帶來額外的工作。

　　這樣搞不好行得通。

　　莎拉找資深生產工程師賽斯吃午餐，跟他談這件事。賽斯認為或許可行，但由於需要「拆掉開發部與生產部之間的牆」，這件事要他們雙方的主管都同意才行。賽斯會支持莎拉，但必須由她的部門親自向他的主管提這件事。

　　莎拉決定重新打造自己的工作模式，設計出能運用她招牌優勢的職位（好好運用生產部同仁的長才）。莎拉告訴上司，她準備提出效率提振方案，不需要額外雇人，就能同時替開發與生產小組帶來好處。上司表明，至少會支持她提案與推動計畫（很少會有好主管不想聽見旗下最好的雇員，想出可改善工作的點子）。莎拉替開發部與生產部，各準備了十五張投影片的PowerPoint簡報。頭幾張投影片，依據詳細的圖表與統計數字，證明有效的軟體團隊領導可以改善程式品質，減少開發時間。莎拉用接下來五張投影片，解釋若能運用她所有上司都熟悉的上市時間指標，以更快的速度開發出程式，將帶來哪些商業效益。莎拉在提出主張時，用上了管理階層重視的事物，顯示她對上司的顧慮抱持同理心（她是在解決上司的問題——不是她自己的）。莎拉在最後五張投影片，提出將時程與預算的職責從開發部劃分出去，交給生產工程部，改善程式品質，減少兩個部門之間的摩擦，這一切大致需要什麼樣的重整工作。莎拉附上了模型，其中整合後的新時程儀表板，是賽斯提供給她的——那個辦法明顯優於目前的時程報告。眾家主管討論四十五分鐘、提出一針見血的問題後，決定試行三個月。當然，最後成功

了，其他的不必多說。

　　莎拉耗費了一些心血與創意（還多開了幾場不自在的會議），但如今做著她熱愛的工作。莎拉成功敲掉開發部與生產部之間的牆，重新塑造自己的角色，重新設計工作。她依舊帶領著程式小組，領主管級的薪水，負擔相應的責任。此外，那些兩週開一次的管理會議，現在她只需要一季去一次（而且開會時不必報告，因為她已事先寄出詳盡的開發報告）。莎拉得以將更多時間用在高階的軟體架構問題，如今領導新的程式團隊，負責開發出更理想的除錯工具（莎拉討厭bug）。莎拉運用自身的優勢、以同理心對待上司的煩惱（用更快的速度寫出更理想的程式，減少錯誤，有更佳的時機上市），甚至替生產工程師解決了問題（再也不必纏著別人問時程），順便還增加了他們的價值。

　　從此，所有人都過著更幸福快樂的日子——那不就是重點嗎？

策略三、四：轉換職務或砍掉重練 （在內部找工作）

　　我們把策略三和策略四放在一起，原因是這兩種策略其實是同一個主題的兩種版本。簡單來講，就是在你目前任職的公司找尋新工作。到外頭的公司找新工作，其實也是類似的流程——只不過在內部尋找的話，遠遠較為簡單，風險也少很多。如果成功了，你得

到了新工作，但永遠不必辭職，因爲新雇主恰巧就是目前這一個。

　　接下來的兩個例子，方法基本上是一樣的，只是在最後的步驟踏上不同的道路。這裡講的轉換職務與砍掉重練，都是在新領域找新工作——不是你目前角色的直接延伸（那是策略二：改造）。如果是轉換職務，你換做身旁的另一份工作，不需要高成本的準備功夫或重新受訓。轉換職務是相當可親的辦法。砍掉重練的話，則要推動相當大的轉變——你先前的經驗不太能轉換到新的工作。你爲了新工作做準備或重新受訓時，將得下重本投資。從頭開始的難度高很多，但如果公司原本就喜歡你，也信任你，這麼做依舊比換到全新的公司與職涯跑道簡單。

　　轉換職務或砍掉重練的開頭是一樣的——當你感到工作乏味，或是想換到另一個領域工作。你打聽其他的工作，決定轉換至身邊不同類型的工作（此時兩條路沒有分別）。如果你想換的工作，輕鬆就能換，那就轉職。如果你想換的工作性質太不同，人們認爲你不符資格，你將得下功夫做準備，砍掉重練。

　　轉換職務或砍掉重練都是依據我們的設計心態，運用簡單的四步驟流程：

- 拿出好奇心。
- 和人聊一聊。
- 嘗試一下。

- 說出你的故事。

兩位會計師的故事

　　別忘了，「轉換職務」與「砍掉重練」用相同的方法，尋找不同類型的工作，但地點都在原本的公司。事實上，你甚至不會知道自己是在轉換職務或砍掉重練，直到你在重新設計的道路上走了好長一段路，找出該怎麼做才會成功。接下來，我們用卡珊卓的例子解釋策略三（轉換職務），用奧利佛的故事解釋策略四（砍掉重練）。卡珊卓與奧利佛的故事幾乎一模一樣，直到一個關鍵時刻：卡珊卓顯然可以轉換職務，但奧利佛必須另起爐灶（直接看他們的故事……看了就懂了）。

　　卡珊卓與奧利佛兩人都三十歲出頭，在中大型公司的會計部門工作——卡珊卓在電信製造業，奧立佛在保險公司。兩個人都畢業於一流學府的會計系，但沒接受過研究所訓練，在目前的工作待了三年左右，開始感到無趣。工作內容基本上都很熟練，但要在各自的財務部門升上管理職的話，還得多累積幾年年資。兩個人都在想，接下來要做什麼，到底該不該追求長遠的財務職涯。他們讀書時都還算喜歡會計，父母也鼓勵他們追求職稱好聽又安穩的工作——世上沒有任何工作比會計穩定。然而，一想到接下來二十年要繼續走財務這條路，老實講，卡珊卓與奧利佛都提不起勁。他們

兩人都注意到，行銷似乎比會計有趣多了。

行銷部的同仁看起來比較風趣（至少行銷人員開會發出的笑聲，遠多過財務員工的會議），他們的廣告與公關工作可以發揮創意，製作很酷的影片。行銷可以踏出辦公室，參加現場的行銷活動。新產品上市時，甚至能拜訪客戶，隨時到有趣的城市出差（會計師永遠不必出差）。

或許他們可以轉換跑道，改從事行銷，但要如何開始？卡珊卓與奧利佛都做對了，**拿出好奇心**，瞭解行銷，開始**和人們聊聊**，嘗試一下新東西。

卡珊卓的競爭優勢

卡珊卓原本就和行銷同仁熟稔，她的辦公桌就在他們對面，而且她學校時期的朋友，有一個就在行銷部（卡珊卓當初能得到這份會計部工作的面試，也是靠這位朋友推薦）。因此卡珊卓的第一場原型訪談，選定瑪西這位念書時期的好友。瑪西向卡珊卓大致介紹行銷在做什麼，解釋「產品行銷」與「行銷企畫」之間的差異（天曉得是什麼意思），也推薦哪些人會願意和她聊一聊。瑪西建議卡珊卓和行銷團隊的其他成員談談這個領域。聽了之後如果感覺不賴，可以直接聯絡行銷副總裁德瑞克，德瑞克人還滿友善的。卡珊卓一一照做。她和訪談對象在進辦公室前喝了三次咖啡，下班後兩

度見面喝點小酒，又吃了兩頓午餐後，行銷工作的誘惑更大了。卡珊卓謹遵瑪西的建議（信任可靠的協助者總是對的），寄信給德瑞克，詢問他是否願意提供一些職涯忠告，德瑞克欣然同意。

　　卡珊卓敲了敲德瑞克辦公室的門，心中有點緊張，但德瑞克溫暖地迎接她：「嗨！我還在想妳何時會上門，聽說妳已經和大家談過一輪，我想妳遲早會想和我聊一聊。怎麼樣啊？」卡珊卓放下心中的大石頭。她做得很好，已經拿出好奇心和大家聊，接下來的步驟是準備好**說出她的故事**——卡珊卓準備好了，所以她回答：「我在公司已經待了超過三年，在財務部有效應用我的會計學歷，但我對創意工作也感興趣，我認為公司可以從創意這項財務部不需要的技能受益。您也聽說了，我和您的部屬聊過，我聽到關於行銷的每一件事都讓我興奮不已。我目前正嘗試決定，是不是該有所改變，追求行銷職涯。您怎麼看？」（請注意，卡珊卓沒向德瑞克討工作，甚至沒問他是否認為她可以成為優秀的行銷人員。卡珊卓只請對方提供轉換跑道的建議——那是威脅性頗低的請求，給了德瑞克很大的回答空間，他想怎麼答都可以。卡珊卓沒把德瑞克逼到牆角，要求她尚未有資格要求的東西。）

　　德瑞克回答：「嗯，妳和正確的人聊過了，但妳之前沒做過行銷工作，對吧？」

　　「沒有。」

　　「這樣吧，」德瑞克說：「我看看有沒有行銷部門的專案可以

交給妳試一下水溫。在妳中斷財務職涯前，先試一下讓妳感覺很誘人的工作。妳從對面的辦公室看我們工作，我也知道我們的工作看起來樂趣無窮，但妳沒嘗過日復一日做這種工作的滋味。」

德瑞克在兩星期內找到一份適合卡珊卓的專案：替行銷團隊做競爭分析。卡珊卓不需要具備行銷背景也能勝任，況且她熟悉公司的數據庫，這是一大加分。德瑞克和卡珊卓的會計主管商量好，微幅減少卡珊卓的工作量，她一週挪出幾小時，做這項競爭分析專案。事情進行得很順利，到了六週的尾聲，德瑞克判定可以讓卡珊卓全職處理。就這樣，卡珊卓從財務部調到了行銷部。

在卡珊卓的帶領下，競爭分析計畫開始成長。卡珊卓在一、兩個月內，就成為行銷部不可或缺的成員。她開心轉職，前後只花了幾個月的時間。

然而，奧利佛這邊就沒那麼順利了。

奧利佛的試水溫

奧利佛當初聽父母的話，選了會計師這份穩定的職業，但他一直自認是創意人士，偷偷想著有沒有可能做比較需要創意的工作。奧利佛向主管提這件事，但主管認為他異想天開。

「奧利佛，沒人想要有創意的會計師，那一類會計師最後多半會坐牢。」

的確是那樣沒錯，但主管不懂奧利佛的心。

奧利佛不想再當會計師了，他想嘗試別的工作。

奧利佛個性有點害羞，想到要去全新的公司嘗試全新的工作，感覺好像很可怕。奧利佛開始在他任職的保險公司裡尋找創意人士受重視的職位，因為和一起工作的同事聊，感覺沒那麼恐怖。創意會獲得獎勵的部門似乎是行銷部，而且他見過參加公司保齡球隊的幾位行銷同事。奧利佛開始打造前進的原型，找幾個人喝咖啡、吃午餐，最後發現行銷工作的確比會計需要創意。然而，奧利佛在進行原型訪談時，他的保齡球搭檔賽琳娜直接明講：「聽著，奧利佛，你人不錯，但我們行銷部需要的技能，你一項都沒有，也沒接受過必要的訓練。我不可能推薦你到我組裡工作。」

當轉換職務變成砍掉重練

奧利佛與卡珊卓的故事，在這裡走上重要的分歧點。在卡珊卓的例子，剛好有一份「行銷」工作，主要內容是管理競爭分析資料庫，支援銷售人員——卡珊卓輕鬆就能把會計行政的技能轉換到這份工作上。此外，主事者願意在卡珊卓身上冒一點險（其實也稱不上冒險，因為根本沒人在意競爭資料庫）。卡珊卓請德瑞克幫的「忙」非常小，而且德瑞克的部門同仁樂意協助卡珊卓。相較之下，

奧利佛想做真正的行銷工作——打造品牌、傳遞新產品的訊息、公關；他想做的那種真正的創意工作，會計背景一點也幫不上忙。此外，公司的行銷主管比較不願意承擔風險，也因此奧利佛請他幫的「忙」很大。

重點是你要誠實面對你身處的情境。做功課，感到好奇，和同事聊聊。在你請別人提供機會之前，要先瞭解你想換的新工作究竟需要哪些條件。當你說出自己的故事、請人提供新工作時，要準備好一個令人不得不答應你的說法。以這個例子來講，奧利佛無法運用轉職策略。他得從頭打造自己——或是回到會計工作。

好了……先回到奧利佛與保齡球搭檔賽琳娜的故事。

賽琳娜的反應最初令奧利佛感到沮喪，但奧利佛鼓起勇氣，詢問賽琳娜，如果他想成為行銷工作的候選人，他需要學習哪些技能。奧利佛獲得這份清單後，想出一個計畫（他是列清單與寫計畫的好手），他發現如果想從事偏向創意的工作，他需要徹底重新接受訓練。多方打聽後，他決定重返學校（奧利佛選擇購買專業知識及學歷帶來的「徽章」），取得MBA學歷。奧利佛在附近不錯的大學找到合適的課程，專為在職人士設計，上課時間是夜間與週末。奧利佛決定把重心放在行銷與傳播，他知道要取得學歷得花上近三年的時間，同時必須全職在會計部工作，但如果這樣未來就能

從事創意工作，奧利佛願意投入。此外，他問賽琳娜願不願意擔任非正式的智囊團，協助他轉換職涯。

賽琳娜感到受寵若驚，答應伸出援手。

於是，奧利佛註冊MBA課程，念了一年之後，選了「基礎社群媒體行銷」這堂有趣的課。奧利佛對課程內容感到訝異，沒想到可以透過數據導向的方式從事創意工作。這類的行銷本質上是創意工作，但也看重奧利佛具備的數字能力。此外，由於社群媒體的主要目標是年輕族群，假如懂得使用這類媒體，幫助很大。事情是這樣的，奧利佛任職的公司漸漸發現，賣保險的老方法接觸不到千禧世代這群重要的新受眾。剛好奧利佛的那堂課期末必須寫一份報告，還得架設社群媒體網站，因此他決定把題目定為「賣保險給千禧世代」，打造出臉書粉絲頁的原型，測試瞄準千禧世代的行銷廣告點子。

奧利佛的臉書專頁只是原型，但幾天內就吸引到一千多個讚，結果期末報告拿到了A，而他從臉書頁面取得的數據（合法的），呈現幾個相當值得留意的趨勢。

奧利佛很聰明，讓學校作業變成「試做」計畫，增加在公司內轉換職務的機會。他把期末報告和臉書數據拿給非正式的顧問賽琳娜看。賽琳娜印象深刻，要他到管理團隊面前簡報。賽琳娜告訴他：「千禧世代正成為公司策略的優先目標。坦白講，我們目前為止提出的服務，熱門程度還不及你臉書原型的一半。」賓果！奧利

佛得到露臉的機會了，對象是他祈禱能給他一份行銷工作的公司人
士。奧利佛的機會來了。

奧利佛熬夜準備，隔天來了一場相當成功的簡報。幾天後，賽
琳娜打電話給他，提供他一份工作：「管理階層決定成立SWAT特
勤小組，解決千禧世代的問題。我希望你能加入，擔任我們的設計
數據分析師。我已經替你安排好，你可以一邊和我們一起工作，一
邊繼續念MBA。」

奧利佛大喜過望，接下那份工作，快樂似神仙。他得以發揮創
意，想出新方法向年輕人推銷保險。此外，他架設好社群媒體頁
面，蒐集可供分析的大量數據。這是他目前夢寐以求的工作。

奧利佛六個月後才告訴父母這件事——在他的新工作第一次加
薪後。父母嚇壞了，但既然兒子加了薪，那應該沒問題吧。他們沒
猜錯。奧利佛如魚得水，不曾回頭，成功從頭打造出新職涯。

到底該不該念研究所

採取砍掉重練策略時，通常需要重新訓練自己，準備好下一
步。如果你決定全職或兼職回學校念書，你是在執行一項大計畫。
如果你判定研究所是通往未來的道路，你可以專心選擇研究所，找
出該拿什麼樣的學歷，準備學校的入學申請資料，去考必要的入學
測驗等等。

很花時間。

很令人**興奮**。

想到要拿嶄新的商業碩士學歷、取得教師資格、申請法學院，不論你想做什麼，你熱血沸騰。然而，有時一心想「念研究所」，只是在忽視你不快樂的根本原因。除非已經找到要解決的問題，念研究所才是出路。

念研究所確實是好事，但我們不輕易推薦這個方向——念研究所的前提是，你真的確定自己準備好做出重大的改變，因為研究所極度昂貴，要花很多時間準備才能入學，接著通常還要耗費大量的時間與金錢，才可能畢業。如果你是全職生，還得考慮你將損失好幾年的薪水。

此外，念研究所可能無法解決問題！我們認識好幾個人，費了一番功夫進入很好的研究所，拿到研究所學歷，接著發現新學歷派上的用場不如預期。

那是極度痛苦又昂貴的一課。

念研究所——不論是和奧利佛一樣，一邊工作、一邊在晚間上課，或是辭職專心念書一、兩年，都是很重大的決定。所以去念研究所之前（甚至開始申請學校之前），我們建議你先回答一個重要的問題。

幹麼要念研究所？

你大概猜得到，這一題我們有一些話想說。念研究所的人，或多或少會得到以下四樣東西：

專業知識：研究所大多會告訴你，念書是為了求得專業知識。學校會教你一大堆你從前不知道的事。不同學校著重不同的面向，例如：執行、理論、財務、行銷、創業，因此選校時要做功課。每間學校出名的專長不同，授課方式也不同（也就是「教學法」）。你想選的學校，自然應該擅長你感興趣的領域，以你喜歡的學習方式教學，而且在你想耕耘的領域有良好的口碑。

人脈：研究所會讓你接觸到從前沒見過的人，你與這個新社群建立關係，拓展職涯。為了這個理由念研究所完全正當。一流的學校提供最有力的人脈。雖然學校永遠不會承認，但多數菁英學校就是提供了寶貴的人脈，才有辦法收超高的學費。學校愈好，人脈的影響力愈大（那就是為什麼二〇一八年美國最高法院的大法官，每一位都畢業於哈佛或耶魯法學院〔露絲・拜德・金斯伯格大法官（Ruth Bader Ginsburg, RBG）先是進了哈佛，最後在哥倫比亞取得法律學位〕──如果你夢想有一天成為最高法院的大法官，你得在這個人脈網裡）。

換方向：你在研究所二度受訓後，等於獲准改頭換面。奧利佛

想要的就是這點（卡珊卓不需要）。奧利佛除了必須變得擅長行銷，還得取得新工作要求的專業身分。公司聽說他跳槽到行銷部門時，有人會問：「可是……你不是會計嗎？你在行銷部門做什麼？」此時，奧利佛會說故事解釋自己的新身分：「我一開始是財務人員，但一直計畫打造寬廣的商業職涯。所以我去念了行銷的MBA。我在念研究所期間，與賽琳娜的行銷團隊合作，因此我職涯的下一步很自然就全職轉做行銷。」有時不需要念研究所，就能改變方向，但這個世界依舊認為，有研究所學歷會讓你更可信。學歷給了你額外的許可──姑且稱作「強大的轉換助力」（power pivot）好了。學歷很重要（或許重要過頭了），但世上的規則不是我們訂的，我們只想協助你遵守規則，接著勝出。

　　徽章：研究所會給你一枚徽章，讓你有資格說：我是MBA。我是公衛碩士。我有法律學位。你拿到了徽章，有的是銀的，有的是金的，有的是白金。有的領域非常重視你念的研究所好不好，因此，如果你回學校念書是為了「徽章」，一定要弄清楚你想進的領域有多重視排名，找出學校有多少比率的畢業生找到專業工作。人才過剩的行業尤其要注意這點，例如法律與建築。排名低的法律與建築研究所，就業率不到兩成。換句話說，拿到徽章的人，超過八成無法成為執業律師或建築師。此外，有的專門職業沒徽章不行。你沒有醫學院學歷，就無法行醫。沒有心理學學歷，就無法替人諮商。你不一定要有博士學位，才能在大學教書（我們兩人都沒

有），但有的話，當上教授的機率會高很多。

　　總而言之，你必須判斷是否值得花時間與金錢買新的學歷。你要弄清楚研究所帶來的這四樣東西，你有多重視每一項──專業知識、人脈、換方向、徽章。

　　有時人們花那麼多錢，只爲了拿到徽章。有時他們花大錢，只爲了換領域。有時則是爲了其中三項或四項因素。只要對你來講有價值，都可以。然而，請務必事先做大量的原型對話，並獲取幾次打造原型的經驗，確定研究所學歷會讓你的未來大不同。如果你依舊感到值得一試，那就去吧。選一間好學校，努力掌握新工作需要的知識。

　　如果適合你⋯⋯

　　不必猶豫！

卡珊卓的故事結局──沒有想像中好玩

　　卡珊卓的故事並未結束在她獲得新的行銷工作，後續的發展出乎意料。

　　卡珊卓帶領的競爭分析計畫蒸蒸日上，幾個月內她就成爲靈魂人物。一年後，卡珊卓的績效評估時間到了，她再度和德瑞克吃午餐。德瑞克問她近來如何，他還以爲卡珊卓絕對會回答「太棒

了」，因為卡珊卓得償所願，完全不必念研究所，就順利進入了行銷職涯。

卡珊卓深吸一口氣。「嗯，我過得不是很開心。事實上，我大部分時間都極度焦慮，晚上也睡不好。」

卡珊卓接著告訴德瑞克，她覺得支援銷售部門的工作很難做。銷售人員永遠要她提供更多的競爭情報，永遠在問對手公司在做什麼，但我們不可能完全掌握競爭者的一舉一動，因此銷售人員永遠有不滿意的地方。他們喜歡卡珊卓提供的協助，但需索無度，二十四小時打電話給她，要求她幫忙。

就這樣，卡珊卓每天晚上回到家，都希望替銷售人員做更多，但她真的不曉得該怎麼幫。永遠不夠，永遠不夠，她快被逼瘋了。

「我不知道我做錯了什麼。」

「妳沒做錯什麼。」德瑞克告訴她：「歡迎來到行銷的世界。在這個世界，顧客永遠有可以挑剔的地方。你掌握對手動向的程度永遠不夠。事情永遠、永遠沒有做完的時候。這就是行銷工作的本質。行銷很有趣，需要創意，有彈性，但我們永遠面對不確定性。永遠沒有終點線！」

卡珊卓指出自己不喜歡不確定性，她真心討厭沒有明確終點線的感受。

「嗯，如果妳想做的工作，是一天結束時，確定自己得到正確的答案，每一件事都完成了，沒有需要煩惱的事，公司裡有一大群

人做的正是那種工作。那個部門叫財務部。還記得嗎？或許帶給行銷樂趣的不確定性，對妳來講痛苦多過樂趣。妳覺得呢？」

卡珊卓發現，如果能得到正確答案，工作明確收尾（百分之百結束了），為了能在一天下班時得到這樣的滿足感與心靈平靜，忍受一點無聊不算什麼。卡珊卓不願承認，但她的結論是最好調回財務部。財務部還要等幾個月才會開缺，卡珊卓必須再加班一陣子，繼續維護競爭資料庫，等德瑞克找到人才能走。不過，最後一切順利，每個人都過著幸福快樂的日子。

除了銷售人員。

不過也沒差，反正那群人永遠不快樂。

事情不會永遠一樣
——卡珊卓是那樣，你也一樣

所以說……卡珊卓做錯了什麼？為什麼她轉換職務失敗？

卡珊卓沒做錯任何事，她轉換得非常成功。我們一定要先理解這一點。

卡珊卓是活生生的人，會呼吸、會成長、會改變，不斷演變。她不是機器，你也不是。不論是卡珊卓、德瑞克、瑪西或月亮上的人，沒人能料到卡珊卓調去行銷部後將發生什麼事，那種事只有時間能證明，真的發生了才會知道。卡珊卓花了一年才弄清楚狀況。

新工作的頭四個月到八個月，她太興奮了，因為每件事都很新奇，學東西太有趣，她甚至沒注意到壓力。一直到做了十個多月後，第兩百三十七次回到家，還有六位銷售人員的問題沒回答完，她才明白為什麼近來睡得不太好。

生命設計就像那樣——既然是設計，就得不斷更新版本，提出大量原型。永遠在成長與變化是好消息，不算白做工。卡珊卓回財務部時，更加瞭解公司是如何運轉，更懂得行銷主管與其他部門是如何思考公司的事業。事實上，卡珊卓因為多了行銷經驗，會計工作做得更好了。此外，她現在更加認識自己；工作又開始無聊時（我們都一樣，偶爾總會面對這種時刻），她有辦法重擬故事：「嗯……至少我現在晚上睡得很好！」卡珊卓知道，她永遠可以和銷售與行銷部的同仁喝咖啡，有趣的程度幾乎等同與他們並肩作戰，但不會有壓力。卡珊卓現在更瞭解自己與商業的本質，她原本的會計工作真的夠好了……目前可以接受。

到了某個時間點，我們在原本的職位上自然會變得大材小用。如果你是創意十足的聰明人士，擁有設計師的好奇與行動心態，你的技能與能力成長速度，大概會快過工作需求。也就是說，大約每隔幾年（有時更快，有時較慢），你的職位對你來說就會顯得太小。到了這種時候，為了持續打造職涯，你應該尋找下一份工作。如果你待的是健全的公司，在上司的支持下，組織將認可你的能力，與你一起努力，替你找到更具挑戰性的新角色。然而，事情不

一定會那樣發展。主管有可能不關心你的生涯發展，也不是會支持部屬的人。如果是那樣，你可能得自己搶先行動。

　　最好的辦法通常是原地改造工作。你可以運用剛才提到的四種策略，約翰、安、莎拉、卡珊卓、奧利佛都成功了。我們有信心，至少其中一種策略能幫到你，不需要辭職，也能讓你的工作環境再度恢復生機。

你可以重新設計，不必辭職

　　可是萬一⋯⋯萬一以上的策略都行不通，你可能得另謀高就。幸好，在目前任職的公司找新職位跟在外頭找工作，都需要「拿出好奇心、與人交談、嘗試事物，說出故事流程」——只是在外面找工作，要花的力氣更多，需要動用更多人脈。為了協助你走過那個流程，我們將在本書第九章提供幾點建議。不過，在你認真開始找新工作之前，要先判斷現在真是辭掉工作的好時候。好聚好散的漂亮辭職需要時機成熟。

牛刀小試

1. 挑一個待在原地設計的策略，寫下簡短的四百字故事，描述
   你是如何成功重新設計目前的工作。

   重擬與再度投入
   改造
   轉換職務
   砍掉重練

2. 找三位朋友分享你的故事，解釋你為了找到更好的工作，正
   在打造幾個新點子的原型，目前在解說的這一個只是其中之
   一。把故事念給朋友聽——念就好，不必「清喉嚨」一不必講：
   「啊，沒有寫得很好，我不確定你們會不會喜歡……」大大
   方方帶著自信念出來。

3. 記錄朋友的反應，相互比較。

4. 在下方的「儀表板」評估你的故事。

5. 簡短反思你瞭解了這個計畫的哪些事。

6. 如果反思後，你感到自己已經準備好做點什麼，那就展開流
   程，開始拿出好奇心，和人們聊，嘗試各種點子，說出你打

算追求的工作或職涯新故事。

在下方寫下你的故事

_____

_____

_____

_____

_____

_____

原地設計練習頁

挑選一個原地設計策略，寫下簡短的四百字故事，描述你成功重新設計目前的工作。

❑ 重擬與再度投入

❑ 改造

❑ 轉換職務

❑ 砍掉重練

寫下你的故事

_____

_____

_____

_____

_____

_____

_____

_____

_____

_____

_____

_____

_____

用儀表板評估你的故事：

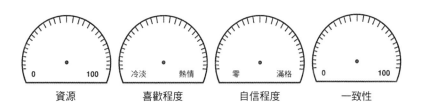

| 資源 | 喜歡程度 | 自信程度 | 一致性 |

寫下你的反思：

_____

_____

_____

_____

_____

_____

_____

8

好聚好散

無效的想法：老子今天就要辭掉這份 *$#$%* 的工作。

重擬問題：我把這份工作當跳板，設計好離開的方式，跳到更好的地方。

萬物皆有時，改變有時，離別終有時。

數據顯示，我們一生會做許多份工作，甚至多次轉換職涯，也就是總有離開一份工作的時候。離開時，最好能好聚好散。

離職有很多種形式，不過一般而言，我們發現一共只有兩種：

1. 去死吧，老子不幹了
2. 兩星期的尷尬跛腳鴨

去死吧，老子不幹了是經典的原型——電影裡經常出現，有人

往後扔了一顆汽油彈，頭也不回地離去。美國的停車場經常強力播放強尼・沛傑克（Johnny Paycheck）一九七七年的暢銷歌曲〈老子不爽不做了〉（Take This Job and Shove It），正是一首描述這種情形的主題曲。那樣的歌曲或許很有趣，那樣的電影場景或許帥爆了，但那是很糟的策略。永遠別這麼做！當下你會感到狠狠抒發了怨氣，但對長遠的將來不利。永遠不要一氣之下辭職，永遠要留時間讓公司找到你離職後的應對方法。你會在未來感謝自己。

如果我們毀了你的辭職幻想，我們很抱歉——**你想著要慷慨激昂地發言，把一切抖出來，不吐不快，同事拍手叫好，高階主管下巴掉下來。我們真的懂，那種幻想真的很誘人，要死大家一起死，誰怕誰。**我們每個人在幻想辭職時，至少都考慮過這種策略，但把這種念頭留在無害的地方就好（就算只是在腦中想想也得留意，這種玉石俱焚的畫面是否出現太多次）。

兩星期的尷尬跛腳鴨則是最常見的原型——成千上萬的人每天都在用。我們手中沒有確切的統計數據，但我們猜想絕大多數的辭職模式都是這樣：（一）工作者終於決定辭職；（二）自己定好日期；（三）離開兩週前，寄出簡短的安全版辭職信：

收件人：主管

寄件人：賴瑞

主　旨：辭職

本人為追求其他興趣，在此辭去資深擦屁股一職。自今日算起，辭呈將於兩週後生效。三月二十八日星期五，將為本人任職於幸運鴨公司的最後一日。

我十分榮幸能在幸運鴨任職，再次祝福各位與公司鵬程萬里。

賴瑞　敬上

接下來兩星期，寄出這封信的人，有一搭沒一搭地繼續上班，和同事有不少尷尬的對話，接著低調消失得無影無蹤。

賴瑞用這種方法辭職，原因是他知道「習慣上要提前兩週通知」。還有，辭職信的寫作要點是少即是多，短短的，全身而退。賴瑞預期每個人都知道，你宣布要離職後，做不了多少工作（甚至完全不做），也不會有人期待你繼續辛勤地工作。如果幸運，公司會直接叫你回家，但依舊付你那兩星期的薪水。要不然的話……大家通常都是那樣辭職的。

兩星期的尷尬跛腳鴨辭職法不算錯，但也不算非常對。如果是為了情有可原的原因，你頂多只能做到這樣；沒關係，我們絕不會批評你的作法。這種辭職法大概不會傷到你（不像前面的「去死法」），但也不會帶給你多少好處。不管怎麼說，賴瑞在幸運鴨擦過無數次的屁股，他那麼辛苦，未來總該有點回報，這就是為什麼我們推薦不一樣的第三種方法：

3. 每一次的離別，都是為了更美好的將來

加分離職法

萬事萬物都能設計，你有辦法重新設計工作，也有辦法設計離職的方式。大部分的人都把離職想成負面的事，但我們認為離職能帶來機會。這是轉捩點——你替先前做的事好好收尾，開啟新的一頁。因此我們建議把辭職重擬成替下一份工作寫下精采第一章的機會，順便替舊工作寫下美好的終章。

我們要把加分離職的力量傳授給你。

加分離職是美好的設計體驗，你將更瞭解自己，更清楚內心真正的動力。加分離職的條件包括：

先決條件

1. 先試著重新設計。
2. 問主管一件事。
3. 選擇離職。
4. 先找到新工作。

「加分離職法」步驟

1. 收拾好再離開

2. 動用人脈

3. 好好交接

4. 優雅轉身

「嘿！」我們聽見你說：「幹麼要有什麼先決條件？我已經準備好這一秒就走人！」如果是這樣，我們懂 —— 但請先聽我們說完。能夠讓離職變加分的人，很清楚好聚好散有多麼重要，他們會留心先決條件。好好辭職永遠是件難事，好好達成先決條件會讓你更有效率。

先試著重新設計

如果你已經到達忍耐的極限，**今天**就想離職，你可能一打開這本書就翻到本章，前面的全部跳過。如果是這樣，請瞄一眼第七章（〈先別急著辭職，重新設計後再說！〉），試試那一章的點子。務必思考一下，說不定直接在目前的公司「換工作」有不少好處。

就算重新設計不成功，你花的時間永遠不會浪費掉。你用設計思考的流程走一遍問題後，將學到關於自己和公司的許多事（連帶瞭解整個產業）。你開始找新工作時，將能說出更好的故事。

問主管一件事

離開的時間或許真的到了——你不快樂，人生乏味，你試著從所在地出發，真心希望還有轉圜的餘地，但沒有成功。或許你睡不好，煩人的主管晚上九點還在傳簡訊給你，吩咐你做這個、做那個，工作二十四小時纏著你不放。那麼你該怎麼辦？

假設你已經嘗試過第七章建議的幾種原地設計策略，但效果不彰，此時你應該嘗試最後一件事——問主管一個簡單的問題，看看他怎麼回答。

年輕工程師山姆任職於某矽谷科技龍頭，是那種人人搶著進去的公司——你知道我們在講哪幾家。山姆待在那間公司的前幾年很開心，他替公司的軟體產品設計並執行測試策略，但後來工作每況愈下，變得很糟。突然間，山姆的主管幾乎天天找碴，他做的每一件事好像都有問題——上司愈來愈挑剔，批評東批評西，不管山姆再怎麼努力，上司都覺得不夠好。一個月過去了，一個月又過去，山姆心想那大概只能辭職了。他已經在草擬辭職信，但在最後一刻聯絡了比爾。山姆以前上過比爾的課，他決定使用比爾提供學生的「終身有效諮商時間」。

山姆解釋自己打算辭職，比爾說：「我知道這聽起來很瘋狂，但我建議你和主管約個時間，問他為什麼不滿意你的表現？問一下也沒差，反正你已經決定要走。主管的答案或許會有幫助。」

起初，山姆不喜歡這個建議。他寧願不打麻藥做雙倍的根管治療，也不想掏心挖肺和主管聊，但他鼓起勇氣，和主管安排了一對一的會面。

山姆深吸一口氣，問上司一個非常簡單的問題（就是我們認為你該問的問題）：「我做錯了什麼？」

山姆的主管瞠目結舌，愣在原地不講話，最後回答：「山姆，你什麼都沒做錯。事實上，你是團隊裡最有生產力的工程師。不是你的問題，是我。家裡的事搞得我很煩。」

主管接著告訴山姆自己婚姻破裂，準備走場面很難看的離婚手續。他很不快樂，他已經一個月沒見到孩子。主管最後告訴山姆：「很抱歉，我一直把情緒發洩在你身上，你受了無妄之災，但我現在沒那個心情管理你或任何人。你認為我們需要做點什麼，就儘管放手去做——你把案子呈上來，我簽就是了。」

山姆聽到後，替主管感到惋惜。然後，便回家寫了一份將手上最棘手實驗自動化的提案。接著主管說話算話，沒刁難就放行了。

六個月後，山姆的主管辭職。山姆今日是團隊的資深工程師，日子過得比以前開心，工作上享有充分自主權，他熱愛克服工作上的技術挑戰。回頭想想可真是令人心驚，山姆先前差點鑄下大錯。

重點是你永遠不會知道實情是什麼。你不問，就不會知道人們到底為什麼會有那種行為，所以辭職前先和主管談一談，問一個簡單的問題：

「我做錯了什麼？」

接著專心聽主管回答。不必替自己辯護，不要爭論——抱持同理心，盡量從主管的角度看事情（我們理解這很困難）。接著，或許可以問主管的主管同一句話。誰知道你會聽見什麼？

選擇離職

還是一樣，你可能會問：「啥？我已經決定要走人，為什麼還要什麼『選擇』離職？」

問得好。

我們的意思是——由你選擇辭職，而不是讓辭職選擇你。辭職必須是**你自己所做的選擇，能帶來正面的好處**。太多人表現得像是遭逢辭職的厄運，好像辭職是逼不得已（「那是最後一根稻草」），不是他們自願承受的後果（「我別無選擇」），人生充滿不公不義（「不公平」），或者根本是命中注定（「人生就是會碰到這種狗屁事」）。

以上聽起來彷彿是你讓辭職選擇你。

如果你知道非走不可，當你知道必須離開，那麼選擇離開的時間到了。把辭職重擬成選擇。你選擇要辭職。正向心理學與自我決定論都認為：你在人生中選擇要做的事，將帶給你人生的意義與目標，因此辭職一定要辭得有目標。

先找到新工作

　　為了兩個好理由，我們建議辭職前要先找到新工作：（一）增加掌握新工作的機率；（二）增加財務穩定度。

1. 相較於目前無業的應徵者，雇主回應在職者的機率是四倍[1]，給面試機會的機率是兩倍，錄取的機率是三倍。目前有工作的人，吸引力大過無業者，就是這樣。這種現象或許不公平，但可以理解背後的邏輯。徵人的雇主很容易胡思亂想：「嗯……為什麼其他公司不要你，他們是不是知道什麼我不知道的事？」如果要避免被誤會沒工作是因為你不是個好員工，最好的辦法就是不要沒工作。這不一定辦得到，也不一定就完全失去錄取的機會，但我們還是建議找好新工作再辭職。當然，找新工作是個龐大的任務，我們懂，這就是為什麼下一章會集中談這個主題，但這裡先講完如何找出更好的辭職辦法。

2. 不要忘了錢錢錢錢錢。無業很貴，你不曉得要花多少時間才能找到新工作（在多數的勞工市場，大約需要三到六個月），而那麼長的時間沒工作不但成本高，還很嚇人，因此建議先找好新工作，再離開舊工作。

　　我們懂在職找工作很難安排。我們兩人以前還在做舊工作、就

在找新工作的次數，相加起來有二十次。我們非常瞭解要做目前的全職工作，**同一時間**以幾乎全職的方式尋找新工作，到底有多困難。對了——要一邊找工作，還要一邊不讓現任雇主發現你正在尋尋覓覓（替離開做準備），也有點棘手。不過就我們所知，這仍是最好的作法，可以確保你辭職時，已經準備好迎向成功的未來。

好了，現在你準備好，好聚好散的時間到了。

收拾好再離開

有公德心的露營者都知道，在森林裡露營，「離開營地時，要整理得比來時還乾淨。」[2]這條原則也適用於人生與工作。決定在離開前改善手中這份工作，是功德一件。不僅能協助同事收拾殘局，也感謝雇主信任過你；雇主八成還會因此在介紹信裡多講一點好話。最重要的是，你知道自己在離開前做了正確的事（沒有敷衍塞責）。為了前述以及其他種種理由，收拾好再離開是個好點子。做到這一點，將讓你與眾不同。

比爾的營地維護

比爾在蘋果有過美好的工作經驗——那份工作近乎苛刻，但很精采。然而六年過後，儘管比爾努力重振精神，那份工作失去了吸

引力。某個星期一的燦爛春日早晨，在度過感覺太短暫的週末後，比爾開車時，腦中冒出錯不了的「頓悟」時刻。他心中不知哪來的聲音說：「如果你的工作真的很不快樂，那就辭職吧。」這個念頭（和那個聲音）把比爾嚇了一跳，害他差點把車開出車道。

比爾忽然明白，他把自己當成囚犯——想著**被迫**待在蘋果。不曉得從何時開始，他失去了自主權。比爾領悟到，如果不快樂（確實是不快樂），他可以做點什麼。

就那樣，比爾突然再度感到自由，想辦法以加分的方式離職。

首先（如同我們先前的建議），比爾試著在蘋果重新來過，結果行不通。比爾動用專業人脈，開始和人們討論，嘗試一些東西，同時悄悄尋找其他新的機會。接下來，他看了看「營地」，開始忙著收拾。

比爾最想確認的事，就是自己離開後，他的團隊不會分崩離析。比爾在背後默默安排，讓兩名關鍵成員升職——他們有這個能力，早該升了。比爾也想辦法將下一個大型筆電計畫交給他信任與敬重的專案負責人。這件事花了幾個月才安排妥當，但一切都是值得的。比爾真的關心一起工作的同仁，他知道要是他能助他們在蘋果的職涯一臂之力，對每個人都好。

比爾也抓住時間，謹慎尋求外面的機會，最後他的非正式人脈開始傳回工作機會，其中兩個看起來特別有趣。一個是最早的電子書新創公司，另一個是嶄新產品的設計顧問。比爾相當確定，其中

一個將是他的下一份工作。

比爾想要的其中一份工作給了別人之後，他知道得做決定了。

他待在蘋果的七年期間，負責過十一台筆電的研發工作。

他不想做第十二台。於是比爾去了那間設計顧問公司。

比爾寫了一封客氣的辭職信，感謝每個人參與這段精采的旅程。他把信寄給主管後就回家了。三星期後，比爾最後一天走出公司，對於自己留下的成果，以及即將前往的目標，感到心滿意足。

自從春日某個週一早晨，比爾在「開車上班途中靈光一閃」，發現自己其實可以離開，一直到真的遞出辭呈，中間隔了將近一年。那一年，比爾是實實在在地好好辭職。

動用你的人脈

通力合作、「尋求協助」的心態，對任何設計師來講都是關鍵心態，但好好辭職更是重要。你在離開前，應該盡力維繫與拓展人脈，保住公司內外由朋友與同事組成的網絡。為了前文提過的所有理由，你目前的工作小組成員與同事實屬金礦，他們在未來可以替你介紹工作與職缺。現在你想離開了，離開前是聯絡與鞏固那些情誼的好時機。

你的餐廳負責外場的那個逗趣同事，去好好認識他。那位每個月業績第一的現場銷售人員，去好好認識他。那位人很好、讓你調

班表參加兒子足球冠軍賽的出納助理主任，去好好認識他。以有形的方式和他們聯絡感情，例如寫親筆信，感謝他們挪出時間或提供協助，這種事永遠令人感到窩心（親筆信已是失傳的藝術）。更重要的人脈，你可以請吃午餐。此外，你永遠可以安排一邊喝咖啡，一邊做你的「退場訪談」原型。你主動聯絡的人愈多愈好。

　　換工作前的那幾個星期，在宣布要辭職前，你或許想找人談談換工作的事。要小心，總是有人會說溜嘴，避免還沒準備好，就讓主管發現你的離職計畫。「我即將離開」是高度機密的資訊，只讓需要知道的人知道就好，而且盡量在最後一刻才公布。如果你沒必要告訴任何人，那就別講，但是把某人當成密友，也可以大幅強化你們的關係，因此這種事要有策略，謹慎行事。

好好交接

　　好好交接是「收拾好再離開」的姊妹步驟。清理營地的重點是想辦法讓你離開後，你任職期間共事的戰友，也就是你的朋友與同事，以後能過著更好的日子。除此之外，你還能多幫一個人——一個出乎意料的大忙。

　　接替你的人。

　　那個要接下你職務的人。

　　交接包含兩件事：你不想隨處見到的垃圾（上頭有你的名

字！），全部清乾淨，讓新來的人能有個清爽的開始。此外，寫下關鍵的提醒、步驟與聯絡資訊，留下做好你這份工作的必要資訊。如果你整理好營地，你早已做好這第一項任務，因此只剩第二件事——替這份工作寫下「快速參考手冊」。

第二件事聽起來有夠麻煩，但沒人要你寫長達一百二十八頁的手冊。只需要在一個方便找到的地方，將做好這份工作需要的內行人訣竅統統記錄下來，例如以下幾點：

- 這份工作定期會面臨的會議、活動、報告。
- 碰上特殊類型的問題時，有哪些可靠人士願意提供協助，知道該怎麼處理。
- 你目前正在處理的緊急事項。
- 已經解決、但一不小心又會冒出來的老問題。
- 如果你有部屬，簡短摘要每位直屬下屬的長處，讓新上司留下正面的印象。

戴夫有一次在離職前寫下這樣的手冊，那是小事一椿，他大約花了六小時寫下二十頁。戴夫把辭職信和那本手冊一起交給上司，上司大吃一驚。「哇！我從來沒看過這種東西。這是我看過最棒的辭職法。你應該寫一本談辭職的書！」

戴夫最後寫下了這一個章節。

　　下次你離職，記得寫一份關於這份工作的快速參考手冊，你的上司會印象非常深刻（接下你工作的人，很可能打電話感謝你）。

優雅轉身

　　電影製作人會告訴你，一部片子最重要的兩個時刻是高潮與結局。離職時，你寫下這份工作「電影」的最後一幕，你的離去將是公司與同事印象最深的時刻，所以一定要是一個你希望人們記得的精采場景。

　　請讓大家微笑，捨不得你離開。

　　你為什麼要走的前因後果，也就是你的離職故事 —— 由你決定。此外，那個故事你至少會講兩遍：一次在你的辭職信裡，一次由你本人說出來。當那一刻來臨，你宣布要辭職，人們會想知道你為什麼要走。你要講出一個版本統一的正面故事，不要再提自己的冤情（反正每個人早就知道），不要沉溺於過去，並且抵擋「算舊帳」的誘惑。你的故事要簡單明瞭，強調未來的正面挑戰。

　　玉石俱焚範例：「我要走，是因為我的主管丹，他連芝麻綠豆大的小事都要管，公司缺乏長期策略。我受不了專案老是做到一半就被取消，高層是多頭馬車。還有丹是超級大爛人 —— 我講過他很爛了沒？」

　　好聚好散範例：「我要走，是因為我有機會更上一層樓，學習

令人興奮的新事物。我熱愛這間公司，要離開這麼好的同事讓我很難過，但接受下一個挑戰的時間到了。」

好聚好散並不難。替自己寫下好劇本，最重要的是每次的說法要一致。你會慶幸自己那麼做。

想好好辭職的人「照」過來！

好了，再提醒一遍……

除非萬不得已，不要辭職。

如果要辭職——那就用替自己加分的方式離開。我們所有人一生中都會碰到要離去的時刻，所以學著好聚好散吧。

你已經擬妥辭職的計畫，現在應該提醒自己「先決條件四」：以設計師的方式找到新工作。我們來仔細看一下，如何用有效又能成功的方式，設計找工作的方法。

牛刀小試
練習一：想像自己辭職

以下的想像練習，協助你按部就班找出辭職的感受，瞭解自己喜歡與不喜歡目前工作的哪些地方。此外，做這項練習，有可能協助你決定到底該不該辭職。

1. 想像你已經嘗試過其他所有的可能性，這下子真的決定要辭去工作。

2. 寫下職責描述，放進你做的每一件工作——包含你理論上該做的事，以及你實際上做的事。詳細、完整地列出你負責的所有工作。

3. 完成之後，檢視你負責的職責，看看有哪些可能交給別人。劃掉那些項目。

4. 看著剩下的責任，找出你不喜歡做哪幾項，不喜歡的也劃掉。

5. 檢視清單上剩下什麼——剩下的那些職責與任務就是你喜歡的工作範圍。這是你的核心工作描述。

6. 如果有多餘的時間，也能獲得訓練與支持，請列出你想做的、有價值的新項目。那些事情能夠協助組織，或是讓你學到新

東西，也可能一舉兩得。

7. 重新列一份清單——這是你新的核心工作描述。設計的依據，包含你目前的技能，以及你開始感興趣的新事物。這份清單不必符合你目前的「工作」，而是你想做的事。

8. 不要列出空泛的職務描述。

9. 重新設計想像中的工作後，等個一、兩天，回頭再讀一遍。上面寫的東西是否具備一致性，足以描述一份合理的工作？如果有人技術與能力和你一樣，這個人能否勝任這份工作？

10. 現在想像你有辦法找到你方才描述的工作，用力想像一下，感受辭掉目前的工作、改做這份工作的感受。這麼做沒有任何風險，一切只存在於你的想像中。接下來，想出你要走過哪些步驟，才有辦法讓這份新工作成真。

11. 列出你想到的步驟。

　　這個想像練習會有用，是因為即便單純在腦中想像，扮演「換了更好工作的辭職者」這個角色，能夠讓你擺脫目前工作現實的束縛。這些束縛多半限制了你的想像力。想像自己離職、換到新地方，可以開啟你的創意。此外，假如你喜歡新職務敘述中的某些點子，你就有了可以嘗試的原型，即使待在目前的工作也能嘗試看看。

　　一些原型的例子包括：

　　和目前的同事腦力激盪，想像他們承擔你在新的工作敘述中分出去的責任。

　　和主管談談你不喜歡做的事。想像你和主管坐下來，腦力激盪如何能透過「不」做那些事，增加你的效率。

　　你可以怎麼打造原型，學習你想學的幾項新事物？那些事物會讓你更快樂，還可能讓主管更滿意。

　　想像可能的未來之後，你得知這個新的工作可能性，將帶給自己什麼樣的身心反應。這麼一來，你有機會在真的離職前，體驗一下離開目前的工作後你將出現的後悔或重新考慮。你有可能也從那個體驗中學到一些事。

　　我們建議，在真的遞辭呈前，先走一遍這個想像中的重新設計。這麼做可以提振你的創意，重新設計原本就在做的工作，但不會被現實世界限制住你的解決方案。此外，你幾乎肯定會對自己有一番全新的認識。

練習二：「好好辭職」計畫

　　你決定辭職之後、真的離開工作之前，先擬定妥善辭職的計畫。前文提過，漂亮的「揮一揮衣袖」有四步驟，這裡再幫大家複習一遍。

　　填好下方的範例，規畫你的離職策略。你啟動「離職」時（離

開是一種動態情境，情勢有可能一下子改觀），隨時可以修改計畫。別忘了，你有重要的任務要完成，還得維持重要的人際關係。籌備離職計畫時要按部就班。

收拾好再離開

列出和你一起工作的人與部屬（有的話）。想辦法確保你的離去將帶給他們正面的影響。現在可以找他們的上級，讚美他們的表現。拿出無私的精神，給予你擁有的政治資本或社交資本──反正你也無法帶到下一份工作。

員工＿＿＿＿＿＿＿＿＿＿＿＿＿＿＿＿＿＿正面結果＿＿＿＿

員工＿＿＿＿＿＿＿＿＿＿＿＿＿＿＿＿＿＿正面結果＿＿＿＿

員工＿＿＿＿＿＿＿＿＿＿＿＿＿＿＿＿＿＿正面結果＿＿＿＿

員工＿＿＿＿＿＿＿＿＿＿＿＿＿＿＿＿＿＿正面結果＿＿＿＿

動用人脈

列出所有你在工作上的良好關係；離開前打聲招呼。

＿＿＿＿＿＿＿＿＿＿＿＿＿＿＿＿＿＿＿打招呼＿＿＿＿

＿＿＿＿＿＿＿＿＿＿＿＿＿＿＿＿＿＿＿打招呼＿＿＿＿

＿＿＿＿＿＿＿＿＿＿＿＿＿＿＿＿＿＿＿打招呼＿＿＿＿

列出你離開前想見的人，安排喝杯咖啡。

_____咖啡_____

_____咖啡_____

_____咖啡_____

好好交接

替你離職後接手工作的人，大致記下所謂的「快速參考手冊」。你可以考慮提供以下的清單與事項，視情況增減。

1. 固定召開的會議、活動、報告（包含例子、範本、行程表）。
2. 列出關鍵同事與協助者（姓名、職責、電子郵件、電話）。
3. 列出目前的關鍵議題、尚待解決的問題（一頁寫一個，留下做筆記的空間）。
4. 列出如果不留心，可能冒出來的老問題，包括注意事項，以及是否需要定期處理，好讓老問題不再復發。
5. 這份工作的固定職責程序：
   ◦ 是否有可供參考的公司文件。
   ◦ 替沒有書面記錄的關鍵活動，寫下摘要流程。
6. 替你的每一位直屬下屬（有的話）寫下個人摘要，包括他們是優秀員工的原因，尤其是任何尚待處理的升職或表揚／你

正在為他們執行的職涯發展計畫等等（記得替部屬的未來著想——你替他們開了頭的事，將不會帶著他們走完）。

優雅轉身：替你的離去寫下正面的「故事」

　　寫下一則簡短的故事（不到二百五十字）談你離去的原委，務必簡單好記，一旦你辭職的消息正式公告，這就是你要告訴大家的故事。

　　記得放進三個元素：

- 你的新機會具有正面的元素（但不要提新公司有多棒——沒人想聽「外國的月亮比較圓」；講你自己的感受就好，避免一概而論）。
- 你的舊職位也有不錯之處——努力想想，總能擠出幾句好話。
- 你拋下的同事的優點——這點應該很好想。

_____

_____

_____

_____

_____

_____

　　有了計畫助陣後，就能啟動離職流程。你可能跟比爾離開蘋果一樣，最後花上一年的時間，但是把計畫定在二到六個月就好。不用急，好好執行離開的流程。此外，雖然心理上，你知道很快就能從目前的工作解脫，別忘了你是在替職涯打長期的算盤。你的目標永遠是累積專業口碑與人脈，不論你走到哪，這兩樣東西都將跟到哪。

9

前進

無效的想法：我上一份工作行不通。我得從頭開始，重新找新的工作。

重擬問題：不論我目前在哪裡，這裡都是帶我抵達下一個地方的跳板。能帶走的經驗就帶走，過去的則讓它過去。

找新工作的壓力可能很大，覺得困難重重，好像在自願接受牙齒根管治療。

我們懂。

我們**真的**懂。

聽著，我們不想厚著臉皮要你去讀我們的第一本書，但萬一你的下一份工作是跳到全新的產業，扮演不同的角色，或是你上一次找工作已經是一百年前的事，這次找工作或許是件大事，需要額外的準備。如果確實如此，我們鼓勵你找一本《做自己的生命設計

師》，尤其讀一讀第七章〈找「不」到工作的方法〉與第八章〈打造夢幻工作〉。如果你認為，你的下一份工作將不是吃人頭路，而是自雇，那屬於特殊情形，本書第十章會再談自立門戶。

然而，如果你自認已經曉得要做哪種類型的工作，也知道你的領域中哪些類型的公司大概適合你，而你擁有業界的正確資歷、資格、人脈，本章正是你需要的內容。我們將利用你對自己的瞭解、你對目前的工作市場的認識，協助你到外頭找工作。

故事是重點

在這裡教大家一個簡單但深奧的重擬祕訣：找工作最好的辦法，**不是求職**，而是請別人說（很多很多的）故事，然後你就會得到工作。

這個建議是第七章「轉換職務」與「砍掉重練」兩項重新設計策略的核心——一切始於**拿出好奇心和與人聊聊**。我們知道尋求新的工作機會，最有效的辦法是以真誠的好奇心，在你想發展的職涯領域，找專業人士進行原型對話。

找工作的下一步是多花一到三個月，和許多有趣的人士展開多場有趣的對話（他們的公司目前大多沒在徵人），一路上找出隱藏的工作機會。

我們在《做自己的生命設計師》一書中，講過柯特的故事。自

從我們在書中提到他之後，他又跳槽兩次，經歷兩次找工作的過程──都是應用我們的方法，成功找到新工作。

標準的找工作模式

　　柯特第一次轟轟烈烈找工作時，剛好和新婚老婆搬到亞特蘭大。他剛結束在史丹佛的四年設計課程──兩年取得碩士，兩年在研究所擔任研究員，而且史丹佛是他的第二個碩士學位，他先前已經在頂尖的耶魯大學拿到永續建築碩士。柯特和太太姍蒂發現即將迎來第一個孩子後，決定搬到亞特蘭大的娘家附近。柯特終於準備好讓亮眼的學歷派上用場，打造出自己熱愛又足以付帳單的職涯，養活他的新家庭。柯特搬到喬治亞州後，急著認真找工作。他在公布徵人啟事的園地，尋找完美符合自身背景的職缺。柯特寄出三十八份工作申請書，附上令人眼睛為之一亮的履歷，上頭寫著令人驚嘆的一流學歷，三十八份求職信也都下過一番功夫，針對每間公司量身打造。

　　你會以為就柯特的學經歷來看，眾家公司會搶著聘用他，但完全不是那麼一回事。他申請了三十八份工作，八家直接用電子郵件回絕，剩下的更是音訊全無。八家拒絕了他，三十家給無聲卡。沒面試機會，沒工作機會，沒後續的電話，而這是一個擁有耶魯與史丹佛學歷的求職者。

柯特敗就敗在我們所謂的「標準找工作模式」。他在網路或公司網站上尋找職缺，閱讀上頭的介紹，還以為實際的工作就是上頭所說的那樣，判定自己十分符合公司的需求，於是寄出履歷和求職信，接著就等徵人的主管打電話給他。等啊等，等啊等。

等到花兒都謝了。

等到天荒地老。

問題出在有五二％的雇主坦承，他們只回覆不到五成的應徵者。此外，用標準求職法找到工作的機率，大約只有五％。柯特費了很多心血，徒勞無功。

這種標準模式的失敗率之所以那麼高，原因在於誤會了幾件事。其中一個誤解是以為會有「人」讀你的求職信。沒有──大公司大多使用所謂的「人才管理」軟體，靠關鍵字掃描你的履歷與編索引，甚至沒有「人類」閱讀你寄過去的東西。如果你的履歷和求職信上沒有軟體設定的關鍵字，你在人才資料庫中是隱形的。另一個問題是誤以為網路上的職缺說明符合實情，大多數時候根本沒那回事。工作說明頂多只說出勝任那份工作所需的條件，而且不一定是需要人手的主管親自寫的。最後一點是放上網路的職缺，將吸引成千上萬合格的應徵者，對雇主來講，不差你一個人。徵人的消息一放出來，大多幾小時內就會收到數百封合格的履歷（如果是蘋果或亞馬遜徵人，更是幾分鐘內就爆炸）。公司沒必要看更晚寄來的履歷，第一批履歷中，就有大量優秀的應徵者。履歷如雪片般飛來

時，你脫穎而出的機會非常小。

打進隱形的工作市場

美國所有的工作機會中，僅有兩成公開徵人。在多數的工作市場，如果採取標準的找工作模式，有五分之四的工作機會，你連看都看不到。此外，好的缺、創意工作、值得爭取的工作，大多是那些看不見的工作機會。

那要如何才能打進這個隱形的工作市場？答案是很難，但不是完全不可能。隱藏的工作市場，只有已經在專業圈子的人才看得見。這就是為什麼我們大力推薦你到外頭找新工作前，先在目前的工作人脈中打探機會。你在目前的公司找新工作時，你已經成為內部人士，掌握打進隱形工作市場的管道。這是自己人的遊戲，你具備先天的優勢。

在外部找工作時，你很難打進內行人的圈子，因為你只是沒人認識的求職者。不過，應用我們的好奇心與聽故事重擬後，你還是有可能進去。當個真心好奇的人，而非當個找工作的人，就能透過請人講故事，建立連結，成為圈內人。接下來，一旦你成為「工作社群」對話的一分子（記住：**感興趣會讓人覺得有趣**），事情就會開始發生。你請他們說故事的那些社群「地方人士」，開始把先前隱藏的工作機會開放給你。

一切就是那麼一回事。

另一種方法則是行不通（或是成功率不到五％）。

柯特是如何拿到工作

柯特靠標準模式找工作，一直運氣不佳，垂頭喪氣，後來他決定是應用設計思考的時候了。他不再應徵工作，而是**拿出好奇心與人交談**——展開原型對話。他擅長尋找人脈。接下來幾個月，他和自己真心想見的人士，進行了五十六場原型對話。五十六場對話，帶來七個高品質的工作機會和一份夢幻工作（實實在在的好工作，不是做春秋大夢的那一種）——柯特接受了那份夢幻工作，工時彈性，通勤時間短，薪水不差，重點是柯特感到工作內容有意義，剛好是他擅長的環境永續設計。此外，他還獲得另外七個機會，方法**不是**問有沒有工作機會，而是請人們說出他們的人生故事——一共聽了五十六場。

你請人「說出故事」時，你單純充滿了好奇心，和做著有趣事情的有趣人士對談，對方身處你感興趣的工作領域。你**不是**在求職（時機尚未成熟），因此對方輕鬆就能與你對談。進行這類對話時，關鍵是你真的**不是**在尋求工作機會——你只是想聽故事。如果你根本是在求職，但假裝單純在請益，對方其實感覺得到，這個作法將失去作用。你要拿出貨真價實的好奇心（永遠不要帶履歷到原

型對話聚會）。

「可是等一下，」你說，「你剛才告訴我，柯特做了五十六場對話，拿到七個工作機會。那是怎麼一回事？為什麼單純聽故事，就會有人提供他工作？」問得好。

答案簡單到讓人嚇一跳。

從「聽故事」到「得到工作機會」

大部分的時候，你對話的對象將帶你從現在的所在地，抵達你想去的地方。從「聽故事」變成「得到工作機會」。

「柯特，你似乎對我們做的事十分感興趣。從你剛才說的話來看，你似乎擁有我們需要的才能。有沒有想過到這樣的地方上班？」

我們推薦的這個方法，帶來工作機會的機率超過五成──對方主動開口，你不必問。

如果不曉得為了什麼原因，就是沒人開口問你，而你已經做過七到十場原型對話，也找到十分感興趣的公司，你可以開口問一個問題，把對話從對方的故事，引導至提供你工作機會。「我愈瞭解美國環境公司，見過公司愈多人，愈覺得你們的組織是一個很棒的地方。艾倫，像我這樣的人，如果想知道如何進入這樣的組織，應該做些什麼？」

就是那樣。你一旦開口問：「艾倫，像我這樣的人，如果想知道如何進入這樣的組織，應該做些什麼？」艾倫就懂該換檔了，改而把你視為應徵者。

注意，千萬不要講：「哇，你的公司真好！有沒有在徵人？」那樣太心急了，而且八成是「沒有」。「**我該如何探索**」是開放性的問題（無法只回答有沒有），就算目前不會立刻開缺，依舊可以聽見更多的可能性。此外，如果你已經建立連結，這個假設案例中的「艾倫」感到你有一定的能力，幸運的話，他會明講有沒有機會，但會支持你。有些時候，艾倫甚至可能告訴你：「我們公司沒有缺，但我們合作的公司裡，有一間我認為很適合你。你和綠化空間公司的人見過面了嗎？我覺得你會喜歡那邊的工作。」

這種事經常發生，這是常有的事。

順道一提，柯特獲得七個工作機會，有六個他甚至沒問是否開缺，只是請訪談對象提供故事，對方就主動開口了。柯特拿到的七個工作機會，全部是沒對外公布的職缺，只有一個例外──它們存在於隱藏的工作市場。唯一對外公開的職缺，柯特已經和對方的執行長約好生命設計訪談，相談甚歡，所以公司發布職缺時，柯特早已十拿九穩。

對了，柯特找工作接近尾聲時，還有一個重要的小細節。他後來拿到的那份好工作，進行到最後一關面試時，五人董事會問的第一個問題是：「你認為自己能不能在本地的永續建築社群中，建立

有效的合夥關係？畢竟你才剛搬來喬治亞州，人生地不熟。」柯特掃視一下桌邊，欣喜發現五位董事中，他已經和三人喝過咖啡，曉得他們的「故事」。柯特回答：「我已經成功聯絡上你們之中的三位。我很願意代表公司，繼續對外建立聯繫管道。」柯特面試時的確表現傑出，然而在那之前，他已經對話過非常多次。

　　柯特和太太姍蒂帶著剛出生的女兒，在亞特蘭大住了幾年，接著再度搬家，這次搬到印第安納波利斯（Indianapolis）附近。柯特希望專心照顧孩子，決定不找全職的工作，而是加入零工經濟，嘗試擔任顧問。柯特喜歡本書第十章的概念，渴望自立門戶，最後進行得很順利。柯特有辦法收取不錯的顧問費，接到新鮮有趣的專案，自行掌握忙碌的程度。

　　然而，才一年多的時間，柯特和姍蒂再度搬家——這次搬到芝加哥。柯特安頓下來後，準備好再度接受全職工作，重新尋找機會，你猜到了，方法就是和人聊一聊。柯特現在是箇中好手，人還在印第安納波利斯，就開始接觸芝加哥的人士。姍蒂問自己任職的新大學，願不願意和柯特聊，把他介紹給芝加哥一帶有故事可講的人。姍蒂的新同事很樂意幫忙。柯特有了前幾位人脈幫忙開路後，便打進隱藏的芝加哥工作市場。此外，柯特的目標改變了——亞特蘭大的工作讓他學到，環保建築與都市開發需要五花八門的團體共同合作。柯特發現自己非常擅長穿針引線，促成「通力合作」。他在擔任顧問期間，和大量正在創業的公司合作（那些公司需要協

助，但負擔不起以全職方式聘請柯特），非常欣賞創業者的創意，因此希望結合那兩種新的興趣。柯特在芝加哥訪談時，認識了一個團體；那個團體替未來的社會企業創業者主持實習計畫。那些明日之星，帶來各式各樣很酷的設計，引進柯特十分欣賞的先進環保概念。柯特建議，他們需要有人做不尋常的多方整合：同時負責教學、啓發與鼓勵年輕人，還要安排大量的細節與活動，與未來的社會創業者通力合作。柯特令人感到，他本人就是他們正在尋找的這種不尋常人才。

大約三個月後（距離柯特自印第安納波利斯寄出第一封電子郵件，已經過了五個月），由芝加哥地方投資團體贊助的「創業實習計畫」，邀請柯特擔任營運經理。工作內容用上大量的前衛設計與通力合作，包括招募參與者、管理夥伴組織間的關係、一些教學工作，以及大量的現場活動管理。此外，值得留意的是，柯特在三、四年前剛起步時，**根本沒想過要做這類型的工作**，但如今這樣的工作結合了他的招牌優勢（教大家合作、協調、行銷等等），完全適合他──柯特興奮極了。

此外，在這場工作旅程中，柯特培養出一種特殊技能，威力超乎他的想像。

柯特變得很會說自己的故事。

做好準備，拿出好奇心，上場時間到

　　柯特的故事，也能是你的故事。那理應是每一個人的故事。站出去，好好替自己設計出一份美好的新工作。拿出好奇心，和人聊一聊，試一試，告訴你遇到的每個人你的故事。

　　只有一個例外。

　　唯一的例外是，如果你的下一份工作不是到某間公司上班。

　　如果你職涯冒險的下一章，不是**替人工作**，而是自己當老闆──那麼你的下一章便是本書的下一章。

牛刀小試

- 給自己放一個長長的週末，做你真正喜歡的事充個電，再展開全新的求職季。告訴自己，這個求職計畫至少需要三個月時間，或是拉長到六至九個月。幫自己設好適當的步調──這不是在短跑衝刺。

- 清點「我從這份工作中帶走的東西」，列出你受雇於目前工作時獲得的資產。你獲得太多太多東西，不要遺漏了，包括你學到的事物、高峰經驗、困難挑戰、人、關係、個人成長、成就、明確知道未來的目標、建立口碑等等。

- 閱讀、搜尋、打聽身邊以及你感興趣的職涯領域的每一件事，瞭解現況，找出產業龍頭，弄清楚誰在做什麼。

- 請認識的人替你介紹，安排「聽故事」，進行原型對話，瞭解你的領域中正熱門、你真心感興趣的主題。此外，到 LinkedIn 找你想一起喝咖啡的對象，但不要向他們求職！若你覺得他們很有趣，會讓他們非常欣喜。

- 展開對話，享受聊天時光！把學習當成一場遊戲，學東西本身就是一種獎勵。

- 重複以上過程，直到出現成效，找到值得做的新工作。

- 過程中，繼續做好目前的工作。好好收尾，才能好好開始。

10

自己當老闆

無效的想法：打造職涯唯一的辦法，就是有人雇用我，替企業工作，做著還能忍受的工作。

重擬問題：如果我想要擁有精采的職涯，握有大量自主權，做著熱愛的工作，我可以自行打造出這樣的工作！

你拿出設計師的思維時，代表你靈活有彈性，隨機應變。

做好準備。

時代──

不斷在改變。

湯瑪斯是地方社區大學的學生，近日開始擔任共乘服務的司機，多賺一點零用錢，補貼窮學生的生活。雪倫是中階行銷主管，最近開始提供行銷建議，協助一位正在創業的朋友。雪倫太喜歡提供這種需要特定技能的顧問服務，決定兼職多接兩名客戶。她喜歡

助人，況且多一點收入也是好事。喬治是電機工程師，他被服務整整十七年的公司裁員，理由是「合理精簡人事」（喬治一點都不覺得合理）。雖然憑著工程師背景，喬治不愁沒工作，但他找不到感覺有趣的新工作。然而，當喬治到某大型科技公司面試時，正在招兵買馬的經理問他願不願意擔任顧問，接一個很急的專案。喬治對那個專案需要用上的技術感興趣，沒仔細想好就答應了。在有點慌亂的情況下，他上網抓了一份特約顧問合約，替專案寫下提案。公司通過了，喬治立刻拿到顧問通行證，開始週一到週五在那間大型科技公司打這份新的零工。

　　湯瑪斯、雪倫、喬治，全都屬於兼職或全職顧問大軍的一員，他們為了擁有更多自由，掌控自身的職涯，從事顧問工作。他們自行設定工作時間，想工作時工作，當自己的老闆。本章將探索這種新型工作法，給大家一些擔任顧問的點子與設計工具，讓你自行開業，甚至發明你熱愛的工作。

　　我們先從重擬零工、副業與顧問工作著手，「為賺錢打造原型」，帶大家看如何擬定簡單的商業計畫書，協助你增加顧問收入，但也有更多的休息時間，自由從事你感到有意義的工作。我們的目標是協助你打造出接案的工作生活，一個真正適合你的人生。

　　我們深信科技權威與前蘋果同仁艾倫・凱（Alan Kay）講過的一句話：「預測未來最好的方法，就是發明未來。」本章將傳授你適合的方法。

無效的想法：我沒有一份真正的工作，只是兼職當顧問。這不是我替自己設想的職業生涯。

重擬問題：我不是在做臨時性的工作；我為了賺錢，替各種工作方式打造原型，同時當自己的老闆。藉著打造原型，我們能以低風險的方式拿出好奇心，試一試，主導自己的工作生活。

打造賺錢原型

你成為生命設計師後，不會被動接受發生在你身上的預設現實，你會自行打造前進的道路。

不用說，經濟模式不同於以往，自動化帶來的改變，造成部分工作消失，仍存在的工作又被外包出去，或是從全職工作轉變成專案的形態。這種情形不斷發生，無從阻擋，因此是重力問題。

然而你，我的朋友啊，你不是新型經濟的受害者。

剛才講了，應用設計師的思維時，你靈活有彈性。碰上任何重力問題，第一步是接受、擁抱正在發生的現實──今日的職場就是變得愈來愈零碎，接著讓你的設計策略配合眼前的現實。

新現實的好處是，換N份工作的狀態變得再正常不過，讓人擺脫一般朝九晚五工作的束縛。在千變萬化的新型經濟中成功的關

鍵，將是開發出你喜歡的工作組合，連人工智慧與自動化來襲都不必怕。如此一來，你將打造出精采的開心生活，享受到新型工作方式帶來的自由與好處。

　　本書從頭到尾都在提倡將無效的想法重擬，改造讓你一直卡住的工作觀念。我們認為重擬是關鍵，只要重擬就不會卡住，再次朝正確的方向前進。

　　我們要重擬的事項包括：

從定型心態→改成成長心態
從無心工作→改成設計自己的生命與職涯
從不安定的臨時工→成為有長期計畫的顧問

　　當你從定型心態轉換到成長心態，你將發現人生與工作有更多的可能性，遠遠超過你原本的認定。

　　當你從蓋洛普調查中那六九％無心工作、對工作感到幻滅的人，搖身一變成為生命與職涯的設計師，你會發現改變現況的力量，通常就握在自己手裡。

　　當你把設計思考應用在臨時工作（有的今日稱為「零工經濟」）的概念上，你會創造出顧問的生活形態，說不定比你原本的傳統工作還棒。你開始用創業家的方式思考與行動，掌握自己的工作、職涯與生命設計。這種作法將帶給你挑戰性十足的有趣工作，

享受美好的自由與自主權，而且更有時間陪親友，過著真正適合你的生活。

一窺你的未來

「生活在你創造的未來」，成為顧問或自行創業，掌控自己的工作命運，那是什麼感受？想知道的話，我們的建議很簡單。

打造出你期盼的改變原型！

我們一直在談「行動導向」與「打造原型」，靠著六大設計師心態中的這兩種心態，在設計生命時一窺未來，從沙發起身，做點什麼。我們建議打造出快速簡單的原型，瞭解一下擔任顧問是什麼感覺，最好能成為副業，就跟雪倫無意間成為行銷顧問一樣，由目前的工作提供穩定收入，當成靠山，多一點時間探索各種選項。如果你和喬治的情形一樣，一下子被迫轉職成顧問，我們的原型策略依舊能派上用場，只不過這種情況比較緊急，你得快點擴大顧問事業的規模，也更有理由擬定設計策略，握有一、兩個能賺到錢的原型。此外，未來已經抵達——世上已經有人在做你想做的顧問工作，所以拿出好奇心去和前輩聊聊吧。

打造你的第一個顧問原型的流程如下。記住，原型簡單就好，提有趣的問題。在第一個原型，我們問：「當顧問是什麼感覺？」為了快速得到答案，我們將借用別人的銷售與行銷平台，找到你的

第一個專案。

- 從好奇心開始——好奇可以做哪種工作、自己能提供哪些技能給這個世界、顧問是在做什麼、怎麼樣才能起步等等。腦力激盪出一張清單，列出你知道怎麼做、你可以「輔導他人」的事。

- 讓你的好奇心帶動下一步——安排原型對話。找情況和你類似的其他顧問聊，詢問他們的故事。請教他們是在哪裡提供服務、如何找到客戶、如何收顧問費——是否碰過賴帳的客戶等等。找出他們的執業感想、詢問做這一行的優缺點。大部分的人喜歡談論自己與他們的工作，但記得要表明，你只是在請教工作方面的故事。一定要讓對方知道，你不是在挖他們的案源——那感覺像是你想搶他們的生意。你只是在聊他們最喜歡的主題：他們自己。

- 完成之後，篩選你先前腦力激盪出的「可提供顧問服務的技能」選項，挑選一個「顧問故事」，講出你能「提供的服務」，以及為什麼你的服務獨一無二、非找你不可。寫下一個精采的故事，簡短的小故事就好——不超過四百字。試著跟你的朋友與其他顧問講這個故事。大家懂你在說什麼嗎？是否曉得你的服務是什麼，瞭解你承諾提供什麼？反覆推敲你的故事，直到讓人一聽就懂，立刻明白你

提供什麼樣的顧問服務。

- 行銷與販售顧問服務是很費功夫的事。下一個原型會處理這個環節；目前簡單就好。客戶會在許多數位平台上刊登案子，挑選一個平台。相關平台把大量客戶集中在一處，因此你暫時不必做陌生拜訪或廣告你的服務。你可以研究客戶刊登的專案，看看有沒有適合的（各種類別的一般顧問案，可以到Freelancer.com與Upwork.com試手氣；軟體專案可以上Toptal.com；甚至也可以上你那一區的Craigslist，上頭有大大小小的案子）。相關網站能讓你快速起步，建立口碑，助你的原型一臂之力。在此類網站打造你的形象，放上故事解釋你提供的服務，開始動起來。

- 標一個簡單的小案子，做你已經熟稔或真的很在行的事。由於這是你的第一個顧問案，你在網站上還沒有任何客戶評論，你可能得多標幾次，才會被挑中。

- 搶到案子後，多花一些時間在上頭，甚至比你爭取工作的時間還多，確認做到完美。這個原型的重點是學習與建立你的專業口碑，不是賺錢。在顧問這一行，口碑比什麼都重要，所以你的第一個案子要超出預期，一定要從第一個客戶那獲得好評。完成專案、獲得客戶評語之後，接下來就是反思時間。

　　這個原型的目標是回答：「當顧問是什麼感覺？」你要跳脫出來問自己：結果如何？回想這次的經驗，閱讀客戶評語，反省你的表現。問自己：我喜歡這個專案的哪一點？我不喜歡什麼？我同意客戶的評語嗎？如何能花更少的力氣，把專案做得更快、更好，下次好提高時薪？

　　假設你喜歡這次的體驗，或至少不討厭，那就再試一次。或許再挑一個簡單的案子，目的只是練習。也可以挑大一點、需要投入更多心血的專案，瞭解一下如何在大案子的每個階段處理客戶的感受。你一定要提供高品質的服務，將心比心，提供你自己聘請專業顧問時期望的服務，超越案子最初的要求。

　　一旦你拿到幾位客戶的一些好評，你準備好前進到下一步。在大型接案平台拿到案子相對容易，但由於客戶品質的緣故（人們想撿便宜），再加上搶案子的競爭激烈，不容易接到價格理想的案子。到了一定時間，你必須自己做行銷與銷售，才能提供差異化的服務，賺到更高的收入。方法如下：

- 你現在已經累積數個案子的經驗，試著修改你的故事，用更好的方式說出你是做什麼的，讓你的服務或產品令人驚艷或出群出眾。再提醒一遍，故事要精簡有力，別超過四百字。

- 打造臉書或LinkedIn專頁的原型，更理想的作法是架設簡單

的網站，以數位方式說出你的新故事。花個幾百美元，精準投放廣告，對著你認為有意願雇用你的特定受眾，說出你的服務。研究你的頁面或網站吸引多少訪客，這些訪客中又有多少人提交電子郵件與聯絡資訊。追蹤每一封詢問信，看看能轉換成多少提案，接著計算有多少提案轉換成真正的顧問工作。這些都是重要指標——萬一你無法引導人們走過這個所謂的「銷售漏斗」（sales funnel），獲得真正的顧問案，也不必灰心。一般大概需要十次「曝光」（有人看見你瞄準特定受眾的廣告），才會收到一封詢問信。要有十次詢問，才會獲得一次提案機會。接著你大概有辦法讓一半的提案，轉換成真正的工作——那就是為什麼精確瞄準廣告對象的威力如此強大，但你需要耗費大量的銷售力氣，才有辦法賺到顧問費。集中顧問專案的網站會如此成功，就是這個緣故——網站等於替你做了最初的銷售工作。不過網站會抽成，而且你永遠無法在上頭成為高價顧問，那些網站主要是新手的園地。

- 再度打造出你的故事原型（你的「行銷訊息」）與你提供的服務（你替客戶做到哪些事），做個一、兩次之後，來點A／B測試（挑選兩種相當不一樣的行銷訊息），看看哪個版本為粉絲頁或網站帶來最多的訪客，又是哪些訊息帶來最高的提案轉換率。

- 每次你拿到案子，替你的時薪或專案價設定新標準。現在「鐵證如山」，正確的客戶會願意替你的服務付一定的價格。你的目標是拿到源源不絕的專案，讓自己每次提案都能提高價碼。如此一來，你爭取到的所有新業務，都將比先前的案子值錢。
- 嘗試以上作法幾個月並且做完幾個成功專案之後，停下來回想過程與結果，再決定是否再來一遍。

設計師的另一種相關心態是**覺察**。如果到目前為止，你喜歡擔任顧問的體驗，你從原型中得到一些正面的**數據**，準備好再深入一點、進入自雇經濟，那就來看看此類事業的「工作流」（workflow），以及如果想在這樣的新型工作方式中勝出，可靠的商業計畫長什麼樣子。

跟著工作流走

如果你決定要自己當老闆，擁有自己的顧問事業，你需要擬定一個計畫。

一份商業計畫。

好了好了，我們清楚聽見你的抗議了。

太難了啦。

我又沒念過商學院！

我沒錢。

我不知道怎麼做。

等等，你說什麼？

你的第一份商業計畫不必搞得太複雜。以下是一份超簡單的商業計畫範本，任何人都學得來，只有六個步驟：

1. 回頭找出你擅長的事（對自己有同理心），也找出這個世界需要什麼（對潛在客戶的同理心），問：「客戶的需求與我知道該怎麼做的事，兩者之間是否有甜蜜點？有的話，我如何針對這個甜蜜點，提供我的顧問服務？」

2. 判定你特有的「完成工作」的方法，到底是哪一點與眾不同。你完成的速度比較快？十分精確？高度可靠？創意十足？找出你的產品或服務有哪一點與其他成千上萬的顧問不同。

3. 設定可重複、可擴大規模、可測量（找出自己是否愈做愈好）的工作流（請見第 282 頁）。

4. 接受事實：你的服務如果要收取理想的價格，你得擅長銷售與行銷，才有辦法打造持久的事業。努力最佳化其餘的工作流，才能有效提供服務。

5. 一旦你熟悉顧問的工作流，也培養出穩定的回頭客，獲得大量的好評與推薦，就可以開始提高費率。

6. 一旦你變得超熟練，研究你的工作流，看看有沒有哪個環節可以交給收費比你低的「零工工作者」。把非必要的工作外包出去，提高那部分的服務價格（一般提高一到三成），把這項成本納入下一次的提案。外包不重要的部分，將讓你有辦法接更多工作，提升你的工時價值，賺到更多錢。

所有的顧問事業都有一個共通的工作流。此類事業的基本工作流，一共有七步驟（如果想長久做下去，第八個步驟是好了之後，再來一遍），就像這樣：

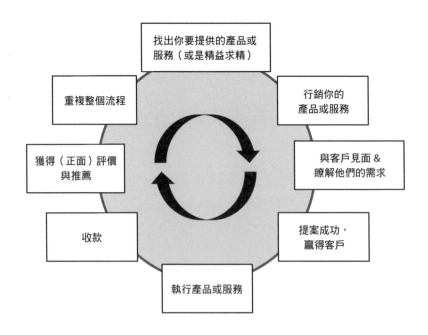

　　從汽車共乘、個人教練、提供設計服務的自由業者，一直到其他各種行業，這個循環是一體通用的工作流。此外，從這個循環看得出來，擔任顧問並不是提供很棒的服務或產品就夠了，你還得十八般武藝樣樣精通。舉例來說，你需要找出如何吸引客戶（扮演行銷人員），擅長抓住客戶需求（扮演設計研究人員），還需要收款（扮演財務長）。你需要懂得如何獲得好評與客戶推薦（扮演客服）。你除了提供你獨有的產品與服務，讓自己起步，還得做到所有這一切。

　　以下舉例解釋這個工作流：假設你決定展開全新的生命教練事業，一開始先從副業開始，但你希望盡快改當全職教練。你將需要做初期的投資，可能要先掏出數千美元花好幾個月受訓，在有信譽的機構取得生命教練的證書。不過，接受過良好的訓練、取得證書後，就能提高教練課程的收費；透過電話或現場提供服務的課程，一節五十分鐘的服務一般收費五十至一百五十美元。頒發證書的學校，有時會協助你找到最初的客戶。剛創業時，你可以把自己登錄在「生命教練名冊」（抽銷售佣金的客戶中間人），但是你大多數的客戶最終還是來自於你自己所花的行銷力氣，理想狀況是有了客戶後，客戶又把你介紹給別人。

　　一開始起步，你必須花不少力氣行銷並推廣，例如透過臉書與LinkedIn等社群網站。一旦接觸到潛在客戶，你大概得多花額外的時間在他們身上，讓他們相信你的服務有價值，這個環節沒錢拿。

接下來是展開瞭解客戶需求的流程，設計出適合他們的教練課程。客戶可能會給你幾星期或幾個月的時間，但到了某個時間點，你得「解決」他們的問題（要不然客戶的時間或預算可能告罄），接著他們將成為前客戶。一路上，你得替你付出的時間收費，溫和提醒客戶該繳錢了。理想上，客戶會在Yelp留下好評，更好的結局是你的努力會讓這次的客戶把你推薦給別人，你便有了新的客戶。

從事生命教練這樣的工作時（或是擔任諮詢室內設計師、景觀建築師、工程師、個人助理等等），你是貨真價實的創業者，你得靠自己起飛。成功要靠你的行銷功力、你的客戶同理能力，以及有辦法讓目前的客戶推薦源源不絕的新客戶。你依舊是自己的老闆，自己定工作行程表，加上做好這份工作需要技術與訓練，你能靠時間換取高收入。你愈擅長讓服務與眾不同，能獲得的口碑客戶就愈多，每節服務的收費也能隨之提高。一節課賺五十美元還是三百美元，差異極大。儘管提供服務的地點是一個因素（某些城市的教練收費比其他城市低廉），影響你的時數收費最大的因素，將是你的口碑與專業推薦網。

你如何能替你付出的時間收取更高的價格？關鍵就在於說出你的故事。

剛當上老闆的新手，大多數會犯相同的錯誤。

他們還以為「執行工作」是一切的重點。

真的不是。重點是一遍又一遍說出你的故事。重點是行銷、行

銷，還是行銷──接到下一個案子、下一個案子，再下一個案子。也因此，你接受現實的時間到了：當個成功「老闆」，關鍵是說出你的故事，行銷說穿了就是說故事。

如何出眾

普通人賺普普通通的薪水。

不管是任何事。

誰想當個平庸之輩？

數據顯示，自雇工作者賺的錢，事實上平均少於全職工作的薪水。如果你做一點顧問工作當副業，目的只是想有第二份收入，衝高收入不重要，那麼對你來講，表現平平也無所謂。另一種可能是，你不想花時間想創意，沒有意願設計出具備差異性的產品或服務，那麼只獲得普通的報酬也是理所當然。

然而，假設你認為自己有才能（你的確有），而且你的能力理應讓你比其他人多賺一點（當然是這樣），那麼你需要設計出一個方法，讓自己做的事能多收一點錢。此時，你需要瞭解客戶在想什麼[1]，畫一下心智圖（如果你單打獨鬥）或腦力激盪（如果你有願意協助你的團隊），想出新點子，此外還需要打造大量的原型，瞭解最適合客戶的作法。每個人都能這麼做，每個案子都能運用創意設計的心態。

有一件事真實無誤：能夠提供出眾服務的人，將獲得超級理想的客戶。

再講一遍：提供出眾服務的人，將獲得超級理想的客戶。

當你設計出令人欣喜、出類拔萃的客戶體驗，人們會很樂意與你合作。

舉幾個例子：

亞曼是共乘司機，他根據幾種不同的乘客「性格」，設計出五種量身打造的音樂清單，例如播放寶萊塢的原聲帶，向人們介紹他自己愛聽的音樂。亞曼變得很會看人，平日要是成功猜對乘客個性會喜歡的播放清單，他就會很得意，接著車內會上演一場虛擬舞會。亞曼提供給客戶的東西，不只是載他們一程——他提供免費的礦泉水和家鄉孟買的香料糖，還有你這輩子見過最大的笑容。喔，對了，亞曼還會戴上傳統司機帽，儀表板上擺滿搖頭娃娃，替他的服務增添氣氛。

效果如何？亞曼得到乘客感到驚艷的超好評，拿到慷慨的小費，甚至多次有人提供他全職工作。亞曼是當地收入最高的司機。

辛蒂是個人教練，她會帶著所有你需要的訓練器材，抵達你家。她永遠看起來精神奕奕，蓄勢待發，就好像你是她當天第一位客戶。辛蒂會替你的體態拍下非常詳細的照片，對比每一次的健身成果，強化你的進度。她會詳細記錄你運動的每一個面向，你可以到她特別設計的網站上，進入你的私人頁面檢視數據，瞭解自己變

得多苗條、多強壯、身材有多好。此外，辛蒂永遠帶著維他命飲料、新型的健身穿戴裝置或計步器，免費讓你試用，讓你在每一節課之間維持動力。

　　湯姆畢業於加州的藝術中心設計學院（Art Center College of Design），他是優秀的藝術攝影師，還在等自己的出色作品有朝一日獲得肯定。在那天來臨前，湯姆喜歡協助人們學習攝影，瞭解自己的相機。不久前，湯姆發現好多人購買功能齊全的昂貴數位單眼相機，但搞不懂如何操作，乾脆把預設模式定為「傻瓜相機」，浪費了先進技術各種發揮創意的可能性。湯姆因此開設數位單眼學校，命名為「照相訓練師」（PhotoTrainer）。他設計出一系列的課程，教大家熟悉自己的數位單眼，重點是把相機當成發揮個人創意的工具。湯姆是個有耐心的老師，大家都非常喜歡他。他上課時，刻意強調每個學生的創意潛能；初級課程後來衍生出相片構圖班，接著又開設人像攝影進階班，教人拍下令人眼睛為之一亮的照片──每一班都是依據學生需求設計。湯姆甚至提供一對一的指導，協助學生挖掘自己特有的「視覺、攝影詞彙」。湯姆提供獨家的服務，但他是攝影師，並不擅長HTML，因此他雇用網頁設計專家，替他打造並更新官網，他得靠那個網頁做所有的行銷。湯姆還在等有朝一日成為著名的美術攝影師，但他在成名前，賺的錢就足夠付帳單，還能協助人們培養信心，相信自己有創意。

　　以上幾位自雇的顧問，懂得提供令人開心的服務。辛蒂不只是

個人教練，還是數據科學家，很清楚如何讓健身發揮最大效用。此外，她還專精於最新的健身技術。湯姆不只教你使用相機，還協助你重新找到內心的藝術家與視覺創意。他們兩個都因爲口耳相傳，客戶多到應付不來。每次有新客戶報名，他們都能提高收費，一再衝高時薪。收入提高後，他們便享有更多的自由——譬如：在每個月的第一個和第三個週五休息不工作；只和「最好的」客戶合作，人人都開心；此外，還能自由創造出更誘人的服務（有沒有人對免費的Apple Watch有興趣？）。

客戶旅程圖

蘋果與Snapchat等公司的設計師，是怎麼想出美好的服務，讓我們這些顧客感到驚喜與開心？你如何能像亞曼、辛蒂、湯姆一樣，替潛在客戶設計令人驚艷的體驗，創造忠實客戶，廣獲好評和口碑？現在，我們要介紹一項設計工具，協助你找出提升顧客參與度（customer engagement）的方法，打造傑出的服務。「旅程圖」（journey map）這個工具終於可以派上用場了。

旅程圖描繪出找到並體驗產品或服務的完整過程，以及顧客在不同時間點走過的旅程。只要旅程圖在手，你就能發現顧客碰上麻煩的環節，事先透過設計消除障礙。除了減少顧客感到不便之處，優秀的旅程圖還能找到讓顧客欣喜不已、翻轉一切的關鍵點，我們

稱之為「神奇時刻」。設計出令人欣喜的旅程，將帶來開心的回頭客，人人都是贏家。

旅程圖五花八門，天底下沒有兩份旅程圖長得一模一樣，但不論採取何種形式，所有旅程圖都必須找出顧客發現產品，以及利用產品與服務的體驗。如果想深入瞭解這個主題，可以上網搜尋「journey map」，或是上用戶體驗設計網站https://uxmastery.com，參考更多細節與範例。[2] 如果你只是想嘗試使用這個新工具，我們建議利用本章提供的簡化版範本，設計出顧客可能走過的旅程。

我們的簡單版旅程圖利用時間線，以視覺的方式呈現顧客旅程，一共分為三欄。「體驗之前」（Before）一欄，規畫顧客將如何聽說你的服務。「體驗過程」（During）是體驗你的產品或服務的當下。「體驗之後」（After）一欄，是完成顧客的要求之後，後續提供的服務與支援。

此外，簡化版旅程圖一共有三列。最上面是「活動」（Activities），詳細列出發生在你的服務或「體驗之前」、「體驗過程」、「體驗之後」的所有活動。中間一列是「情緒」（Emotions），記錄顧客的心情起伏。這一列有時也稱為「同理心」（Empathy），描繪顧客在體驗產品或服務旅程時的感受。最下面一列是「神奇時刻」（Magic Moment），放進速寫與照片，內容是你為顧客體驗設計的欣喜時刻。這些時刻具有特殊的魔力，能讓人一試成主顧。

	體驗之前	體驗過程	體驗之後
顧客			
活動			
情緒			
神奇時刻			

　　舉例來說，個人教練辛蒂在為女性設計輔導服務時，替第一批客戶黛博拉設計出以下的旅程圖：

　　辛蒂規畫好如何從頭到尾從旁協助黛博拉。先是有潛在客戶看見她在Instagram上刊登的廣告，打電話詢問，帶來關鍵的第一次評估預約。再來是每週的健身課程，依據照片評估體態，最後客戶養成新的健身習慣，結束健身課程。辛蒂特別在圖中記錄客戶的目標，設計出高價值的神奇時刻，請她擔任教練將是好玩又有效的體驗。舉例來說，每位新客戶都在第一堂課獲得一打玫瑰，抵達第一個健身里程碑後拿到SPA券。此外，辛蒂特別留意到健身是很難維

客戶備忘錄：
四十五歲左右的科技主管，三個小孩，全職工作。大學是運動員，但十年沒定期運動了。她希望減輕體重，讓身材苗條，還想增加有氧能力與身體柔軟度。腹部與臀部是重點訓練部位。她只能在一大早或週二、週四下班後上課。

黛博拉
起始日：11.10

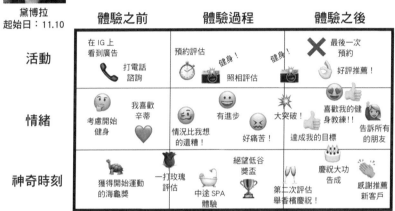

持的習慣。每位客戶都將走過辛蒂所說的「絕望低谷」，此時健身會變得很痛苦，需要額外的鼓勵。辛蒂設計出特地加油打氣的時刻。最後是客戶達成目標，養成規律健身的生活方式，不再請辛蒂幫忙。這時不上課也沒關係——辛蒂會送客戶一個迷你蛋糕，插上蠟燭，慶祝他們成功了。辛蒂是否每次都獲得好評，客戶又多介紹好幾位朋友給她？那是自然。

　　旅程圖就像那樣。只要你設計出客戶使用服務的個人旅程，就可以打造出神奇時刻的原型，放進旅程圖。一次給客戶一種神奇時刻就好，一路上的每一步都要詢問客戶的意見，找出你的服務滿意

度。你要努力的目標是增加客戶轉換率、客戶滿意度與介紹率——最好的辦法就是確實瞭解客戶的體驗。

讓客戶開心是永無止境的設計過程,但設計樂趣無窮。當你弄懂客戶之後,又會冒出新的需求,帶來新的產品或服務——這是一個有機會發揮創意的循環,讓你的工作永遠不會像一灘死水,還可能讓你銀行戶頭有好看的數字。發揮創意,打造原型,和你喜歡與欣賞的人士合作——過著那樣的生活,聽起來絕對像是優良的工作設計藍圖,也是充滿喜悅的好生活。

告訴大家一個好消息

著名的企業顧問公司麥肯錫(McKinsey)研究過工作的未來,預計自動化、人工智慧,以及事事由軟體代勞,將取代大量的人力。麥肯錫預測工作將出現大量的顛覆,但也指出設計師的工作機會將不減反增,所有在工作上應用創意心態的人士也一樣。「創意工作」顯然很難自動化,甚至不可能。

創意與察覺情緒的能力是人類體驗的核心……難以自動化。〔我們的〕研究顯示……有可能創造更多有意義的工作。這種現象發生在自動化取代更多例行公事或重複性事務的時刻,員工得以把更多注意力放在動用創意與情感的工作。舉例來說,財務顧問花在

分析客戶財務狀況的時間會愈來愈少，改而把力氣用在瞭解客戶的需求，解釋其他的創意選項。室內設計師花在丈量、繪圖、叫材料的時間可能減少，挪出更多時間，依據客戶的需求，醞釀創新的設計概念。[3]

麥肯錫研究的結論是，同理心與創意這些讓我們之所以為人的核心元素，在未來將變得更加寶貴。具備創意、擁有良好的社交與情緒人際技巧，將是新型創意經濟的關鍵。掌握相關軟技能的顧問與創業者將會成功。

如果你接受麥肯錫的建議（許多執行長都買帳），練習設計師的心態，你將能打好基礎，在未來的經濟中一舉成功。最後拯救我們所有人的法寶，將是人類的創意。

創作歌手巴布・狄倫（Bob Dylan）的話再真實不過。

時代——

不斷在改變。

我們要接受現實，打不過就加入，讓帶動職場改變的力量為我們所用。我們的思考與行為要像生命設計師一樣，運用想像力，打造出適合每個人的未來，也打造出讓所有人都能快樂的工作生活。

牛刀小試

運用下面的範本，替你的顧問點子以及你希望替潛在客戶設計的體驗，畫出旅程圖。你可以到我們的網站下載（www.designingyourwork.life），或是影印下方的空白表格。把元素放進體驗、感受、神奇時刻這三列。你可以把表格打橫列印，或是乾脆拿大張一點的紙做這項練習——旅程圖通常會愈寫愈長。有多少細節就放多少細節，畫出體驗服務「之前」、「過程」、「之後」的不同階段，標出一路上可能令人津津樂道的神奇時刻！

顧客	體驗之前	體驗過程	體驗之後
活動			
情緒			
神奇時刻			

終章　你可以快樂

好了，我們又寫完了一本書。

本書提到的許多工具與點子是全新的，但主要訊息沒變。你是自己的生命創意設計師。你如何度過一天，也將如何度過一生。你永遠不會卡住，或許偶爾會停下腳步，但永遠不會龍困淺灘。

史丹佛社群有一間歷久不衰的地方啤酒屋，叫左斯（Zotts）。我們最初在那裡喝了幾杯，開始設計日後的「做自己的生命設計師」全球運動。當時比爾講了一段再正確不過的話：「你知道的，如果我們要教大家設計不虛此行的人生，充滿意義、一致性與喜悅，那我們別無選擇：我們要學生做的每一件事，自己也要去做，否則我們會變成全校最大的偽君子。」

自那天起，我們便開始努力研究、開發點子和工具，在課堂上傳授給大家，也寫在書裡，同時也更努力地在生活中實踐自己教授的東西。

事實就是生命設計永遠沒有完工的一天。

我們即將替本書畫下句點，準備替生命的下一個階段打造原型

時，領悟到世上最美好的事，就是不曉得接下來會發生什麼事——人生因此有趣，令人興奮，永遠讓人驚嘆。我們有時會失敗，後退一步，或是不得不從頭開始，但設計思考讓我們不怕失敗，永遠有辦法前進。

有時我們成功了——成功的程度遠超出我們的想像，我們一下子忘了要感恩，讓生活充滿喜悅。

有時，我們只需要稍稍允許自己快樂。

比爾反覆設計他在史丹佛與作為藝術家的工作，重新設計他與太太辛西雅與家人的生活方式。戴夫則努力維持正確心態，調整自己在公、私領域的影響力比率——在外影響民眾，在家影響人數不斷增加的孫兒輩。

我們兩人都努力專注於已經夠好的事物上……就目前來說。

然而，由於我們的人生不斷產生變化，我們的人生故事也隨時變動。就連在書中介紹過的例子[1]——那些真實存在的人們，他們的生命設計故事也不斷在演變。

我們在前言提到的邦妮，她不停地換工作，最後終於弄清楚自己在尋找什麼。問題出在她的自造者混音太不一致——她看重帶來影響力的程度，遠遠超過她自覺的程度。邦妮開始瞭解，自己是帶有理想主義的千禧世代。致力於改變世界是非常好的一件事，但邦妮有一點被理想逼瘋。沒有任何工作能帶來她自以為想要的全球性影響力，但邦妮靜下心來，重擬她的最小可行動問題（MAP），

仔細研究，不去管所有過激的情緒之後，她發現工作具備一定的穩定度（賺錢），能夠發揮一定程度的創意（表達），其重要程度其實不下於發揮影響力。邦妮在一間中型公司（對她目前的自造者混音來講，新創公司過於冒險）找到一份理想的創意工作，負責處理公司的社群媒體行銷。那份工作老實講，的確比較接近餬口的工作，算不上天職，但現在她多出一些空閒時間，接受儲備瑜伽老師的訓練，同時累積「創造意義」與「社群連結」的部分，達到不錯的平衡，邦妮感到這樣的生活過得去，以目前來說夠好了。

記得我們的中階銷售經理、「臉部特寫樂團」的歌迷路易斯嗎？他之前想辦法在原公司重新設計工作，盡量應用「能力發現測驗」找出自己的優勢，今日享有更多自主權，快樂學習做新工作所需的技能。

感到無聊的醫生梅莉，決定不再從醫。那是相當不容易的決定——她從小就在定義自我的「故事」裡認定自己是醫師，但她再也無法活在「醫生的故事」裡。梅莉目前正在替人生下一個階段打造原型，躍躍欲試。她完成自造者混音練習後，發現自己重視表達的程度超乎原先的想像。她決定下一份工作所倚賴的創意，要比當醫生更多。梅莉的狀況已經不只是需要打造新工作，還需要重新設計生命，因此她用上《做自己的生命設計師》的練習，尤其著重於奧德賽計畫。

你在我們書中讀到的案例主角，以及我們的學生、同事、客

戶、讀者，所有人都持續設計並打造前進的道路。我們感到萬分榮幸，能受邀參與重要的對話，一起打造許多人的生命與工作，包括你的。協助他人設計前進的道路，打造出理想的歡樂生命，這是無與倫比的經驗。我們想邀請你加入我們，一同擁有那樣的體驗——運用《做自己的生命設計師》與《做自己的工作設計師》的內容，加入這場生命設計運動。這兩本書會問世，是因為人們不想再卡在無效的想法，想要擁有更好、更可行、更能激發行動的點子，同時找到脫困的方法，往更理想的生活前進。如果這本書能幫到你，我們會興奮得跳起來。如果我們的讀者（這個不斷壯大的生命設計師社群，如今你也是一員）光是靠著設計自己的生命，就能說出自己的故事，替朋友、家人、工作地點及整體的文化帶來真正的改變，確實成功減少無效的想法，我們將欣喜若狂。如果你感到這些概念很重要，請考慮與他人分享。

　　我們常把工作上的挫折、疲憊、無力與倦怠，想成是個人問題。萬一事情行不通，這是我們的工作，所以是我們的錯、主管的錯，或是別人的錯。事實上，這不光是個人的問題而已，而是社會問題與全球問題。無心工作的現象盛行於全球大量的人口之中，證明我們的工作文化行不通，因為我們的組織充滿無效的想法。不只是生產力與績效大受打擊，我們的世界也蒙受巨大損失。有好多工作都是在混日子，缺乏目的。我們有真實的問題要解決，有真實的挑戰要面對，我們需要轉變工作文化，不論對個人、組織、社會來

講都要行得通。改變你對工作的想法，與他人分享你的重擬，將能貢獻前所未有的意義與影響力。

　　我們瞭解到，不論我們協助多少人，不論是在個人層面或集體層面，永遠不會有幫完的一天，但我們知道，有好多人的生命其實可以更快樂、更有目標——帶來更多影響、更多意義，以及提升收入。我們希望這本書能協助你成為生命設計師，然後協助更多人，也成為生命設計師。

　　生命設計永遠沒有完工的一天，永遠不會完美。

　　但還過得去。

　　有時甚至相當不錯。

　　我們萬分確定一件事：人生太過短暫，不能因為無心工作而白白浪費。

　　人生太過寶貴，一定要用心生活。

致謝

　　本書源自《做自己的生命設計師》引發的全球迴響。大量優秀人士的集體貢獻讓本書得以成真。

　　我們不畏辛苦、永遠耐心聆聽的良心執筆人拉蘿・洛夫（Lara Love），協助我們找到自己的敘事聲音，說出想說的話。要是沒有她不辭辛勞，這本書絕對不可能問世。

　　我們的編輯薇琦・威爾森（Vicky Wilson）告訴我們：「這不是一本書；這是一場運動，你們必須做下去，寫出下一本書。」所以我們寫了。薇琦決定好要寫哪八本書，替所有沮喪的工作者加油打氣，催促我們替每個人發聲。簡單來講，薇琦扮演優秀的編輯角色。薇琦，妳四年前用「親愛的……」讓我們從命，這次也一樣。

　　道格・亞伯拉罕（Doug Abrams）是我們的經紀人與出版領域的嚮導。他催促我們踏上這場神奇的魔毯之旅，持續當我們的瓶中精靈。我們開心仰賴他出眾的能力，以意義無窮的方式，將重要理念傳遞給這個世界。

　　道格還替我們找到優秀的國際團隊（馬士經紀公司〔Marsh

Agency〕的卡蜜拉・費瑞爾〔Camilla Ferrier〕與潔瑪・麥克道〔Jemma McDonagh〕），以及我們在亞伯納斯坦（Abner Stein）的英國團隊（凱斯皮安・丹尼斯〔Caspian Dennis〕與珊蒂・韋勒特〔Sandy Violette〕）。

帕琵・漢普森（Poppy Hampson）與Vintage出版社的全體英國同仁，感謝傑出的你們用心付出，不斷鞭策我們。

我們的特派媒體專家莎薇娜・彼得森（Savannah Peterson），每一場運動都是由社群帶動，而社群不會憑空出現，需要有人帶動。我們的「有人」，就是親愛的莎薇（Savvy），她真心相信這本書的內容，帶動起全球的風潮。

金・英潔妮托（Kim Ingenito）帶領的企鵝藍燈書屋講師經紀（Penguin Random House Speakers Bureau）團隊，我們沒想到你們有一天會讓我們飛來飛去，前往全球數百個地點（這毫不誇張），與數萬人互動。謝謝你們以高度優雅的手腕，讓出版事業變成眾人的事業。

克莉絲汀・簡森（Kristin Jensen）完美安排我們的工作坊，讓我們從事熱愛的教學工作。

超級訓練專家蘇珊・柏內特（Susan Burnett）身兼三職——她藉由生命設計促進女性賦權，把產品交付給企業客戶，並且構思、執行我們的講師訓練。妳擅長所有我們現在與一輩子都做不到的事，讓我們茁壯進步。

我們在全球各地的國際夥伴，尤其是日本的玉置愛美（Manami Tamaoki）致力把「做自己的生命設計師工作坊」，帶給日本的工作者。他們身處全球最具挑戰的辦公室文化。此外，我們英勇的泰國教練與設計思考工作坊主任沛西特・藍普瑞希提彭（Permsit Lamprasitipon），努力讓泰國每個人都有機會打造精采的喜悅人生。

史丹佛生命設計實驗室的管理主任凱西・戴維斯（Kathy Davies），早期人們認為生命設計無法超越比爾與戴夫的打下的江山，妳證明了生命設計是個重要的點子，很多人都能教授，也可以傳遍史丹佛校園及其他地方。妳從我們手中接過領導棒子，做得比我們還好，我們極度感激妳推廣生命設計，讓我們有餘力服務校園以外的讀者。

謝謝我們傑出的史丹佛生命設計實驗室成員。首先要特別感謝嘉布利爾・聖塔－唐納多（Gabrielle Santa-Donato），她建立「生命設計工作室」（Life Design Studio），促成在一百間大學服務超過百萬名的學子。這可是貨真價實的把消息傳出去！還要感謝我們最棒的教師與設計師團隊──約翰・阿姆斯壯（John Armstrong）、艾蜜莉・蔣（Emily Tsiang）、克里斯・西馬莫拉（Chris Sima-mora）；所有有幸與你們合作的學生及每個人，永遠感到驚艷。幹得好！

優秀的創意直播（Creative Live）團隊，細心打造個人化的線

上體驗。當大家詢問「我可以修這堂課嗎？」的時候，我們終於能回答：「可以！」隨時隨地都行。

我們的超級朋友丹尼爾・品克是位優秀作家、思想領袖與導師。你慷慨分享了經驗與洞見，幫助我們這兩個菜鳥好大一把。太感謝你的協助了。

我們兩人的職業生涯，加起來超過七十五年。我們共事過的數十位優秀上司與合作者，謝謝你們。你們教了我們好多，你們的智慧（與體諒）替本書打造了堅固的基礎。

謝謝每一位優秀的生命設計師、支持者與導師社群：

超過三百位教育人士參與過生命設計工作室，致力將這個使命推廣至高等教育。

一百多位用心的生命教練與企業教練，獲得有效指導的認證，協助團體與個人達成真正的改變，活出美好的喜悅人生。

近兩百位活動主辦人邀請我們到全球各地，向你們的社群演講。你們帶來的連結讓一切成真，賦予許多人有意義的個人體驗，我們也跟著受惠。

超過三百位的社群領袖，以及我們線上社群超過三萬人的成員，你們的努力、你們的堅持、你們的支持，為這場運動帶來無窮的動力。

謝謝你們。

註釋

前言：工作窮則變，變則通

1. 請見：《做自己的生命設計師》第六章或造訪：designingyour. life。

2. 請見：《做自己的生命設計師》第五章或造訪：designingyour. life。

3. *State of the Global Workplace*（Gallup Press, 2017）, p. 183.

4. *State of the Global Workplace*（Gallup Press, 2017）, p. 22.

5. *State of the Global Workplace*（Gallup Press, 2017）, p. 133.

6. 進一步的說故事資料，請見：

www.storycorps.net

www.themoth.org

www.wnycstudios.org/shows/radiolab

7. Dr. Paul J. Zak, director of the Center: *Brain World,* Summer 2018, pp. 16-18.

第 1 章：到底抵達了沒啊

1. 請見：《做自己的生命設計師》第一章，或造訪：designingyour.
life。

2. E. Lindqvist, R. Östling, and D. Cesarini, "Long-run Effects of
Lottery Wealth on Psychological Well-being," NBER Working Paper
No. 24667, May 2018.

3. www.adultdevelopmentstudy.org.

4. George E. Vaillant, *Triumphs of Experience: The Men of the Harvard
Grant Study*（Cambridge, MA: Belknap Press, 2012）.

5. 第六章將協助你與葛斯瞭解，組織裡的「政治」實際上是怎麼
一回事。

6. J. C. Norcross, M. S. Mrykalo, and M. D. Blagys, "Auld Lang Syne:
Success Predictors, Change Processes, and Self-Reported Outcomes
of New Year's Resolvers and Nonresolvers," *Journal of Clinical
Psychology* 58（2002）: 397-405.

7. 請見史丹佛教授B. J. Fogg的研究，也可以觀賞TEDx影片：www.
youtube.com/watch?v=AdKUJxjn-R8.

8. www.dominican.edu/academics/lae/under-graduate-programs/psych/
faculty/assets-gai-matthews/researchsummary2.pdf.

第 2 章：要錢，還是要意義

1. 請見：《做自己的生命設計師》第十二章。

2. 如果有興趣看精采的「當老師有什麼用」（What Teachers Make），可以上YouTube，觀賞口述詩人泰勒‧馬利（Taylor Mali）的表演：www.youtube.com/watch?v=RxsOVK4syxU.

3. 「自造者混音」涉及好幾個元素，時間顯然在列，但自造者混音不只是標記每件事用到多少百分比的小時／星期來處理。有些事花的時間就是比別的多（例如通勤或洗衣服），但不代表就比較珍貴或比較重要。有些事花的時間較少，但感覺是大事。有些事耗費大量時間，但感覺是小事。你的混音應該顯示你有多重視你正在自造的事，以及你感覺相較於其他你做的事，那件事有「多大聲」。以比爾目前的自造者混音為例，他把「表達」設在大約兩成，但表達並未整整占去他兩成的時間（至少目前還沒⋯⋯）。然而，他將極大的精力投入創造藝術的體驗，對他來講那非常重要。他一星期或許只有幾小時將注意力放在創作藝術（他的固定工作則至少占去五十小時），也因此藝術並未真的占比爾清醒時間的五分之一，但**感覺**上至少占兩成的生活（這種事你得自行判斷）。你的混音元素所占的相對重要性沒有對錯，自造者混音的重點只是提供工具，協助你說出你如何安排自造者人生，以及如果想要的話，你希望如何以稍加不同的方式設計自己的混音狀態。

4. 請留意，單一角色或許能同時放在圖上好幾處。你如何看待以及描述那個角色代表的意義，那個角色帶給你的感覺——決定那個角色該擺在哪裡。如果比爾認為他身為教師的角色，主要是依據他在某堂課教的學生來定義，他會把「教師」放在單一一處。如果比爾主要是從他過去十年教過的一千位學生來定義，那麼這個「教師」的角色可以放在好幾個地方。此外，如果他的出發點，主要是他的課程如何改變其他大學的設計教育，「教師」的角色將擺在圖上不同的地方。所有的擺法都是「對的」，要看比爾如何看待他合作的對象，以及那個教師角色帶來什麼樣的影響。

第 3 章：問題究竟是什麼？

1. www.gottman.com.

2. 有一種詩人賺很多錢。創作歌手巴布‧狄倫與饒舌歌手Jay-Z找出辦法，讓詩歌成為大事業。然而，成功的機率很低，你成為知名饒舌歌手的機率是百萬分之一，最好還是重擬好備案。

第 4 章：戰勝精疲力竭

1. 請見梅奧醫學中心（Mayo Clinic）："Job Burnout: How to Spot It and Take Action"（www.mayoclinic.org/healthy-lifestyle/adult-health/in-depth/burnout/art-20046642）.

第 5 章：心態、恆毅力與你的職涯 ARC

1. Carol Dweck. *Mindset: The New Psychology of Success*（New York: Ballantine Books, 2016）.

2. Dweck, *Mindset,* pp. 6–7.

3. Dweck, *Mindset,* p. 18.

4. Angela Duckworth, *Grit: The Power of Passion and Perseverance*（New York: Scribner, 2016）, chapters 6–9.

5. Daniel Pink, *Drive: The Surprising Truth About What Motivates Us*（New York: Riverhead, 2009）, introduction.

6. E. L. Deci and R. M. Ryan, "The 'What' and 'Why' of Goal Pursuits," *Psychological Inquiry* 11, no. 4（2000）: 227–68.

7. 任何電腦的主機板都是主要的電腦晶片所在地，中央處理器（CPU）在那裡，其他各種控制與記憶晶片也在那。此外，主機板上還有所謂的「開機唯讀記憶體」（boot ROM），裡頭的程式只夠開啟CPU與記憶體，載入作業系統。Windows與Mac都有開機唯讀記憶體，我們的小型電腦也有。矽谷有一個歷史悠久的傳統，當開機唯讀記憶體行使功能，螢幕亮起，第一畫面便是「哈囉，世界」（Hello world）這幾個字。

8. Suzanne Lucas, "How Much Employee Turnover Really Costs You," *Inc.,* August 30, 2013, www.inc.com/suzanne-lucas/why-employee-turnover-is-so-costly.html.

第 6 章：權力與政治

1. Jim Holden and Ryan Kubacki, *The New Power Base Selling: Master the Politics, Create Unexpected Value and Higher Margins, and Outsmart the Competition*（Hoboken, NJ: Wiley, 2012）.

探討權力的書籍五花八門，本章談的辦公室政治概念，上述這本書是主要的資料來源。這其實是一本銷售訓練書。你可能會問：「銷售訓練？那關人生設計什麼事？」

是這樣的……銷售工作是在協助買主做恰當的選擇，同時想要使用他們公司的產品或服務。優秀的銷售人員希望見到回頭客，而顧客會再度光臨的前提是滿意先前的購買，因此優秀的銷售人員會希望買家做出睿智的購買決定。挑戰在於，權力不在銷售人員手上。他們完全無法命令潛在顧客掏出錢包。他們唯一能做的，就是試圖發揮影響力，影響購買決策。此外，銷售人員施展的影響力不是他們自己的——而是買方公司內部其他人的影響力。整個過程是間接透過他人完成，銷售者必須以外人的身分完成這件事。這是一件很困難的工作，因此頂尖的銷售員絕對是手腕高超，擅長以正當手法從旁推一把。成功的銷售人員是施展正面政治手腕的行家。

事實上，我們所有人平日都花大量的力氣，試圖影響他人的決定——嘗試支持自己在乎的那一方（要去吃披薩還是中國菜）——我們最喜歡的作家丹尼爾‧品克（Dan Pink）因此寫下

《未來在等待的銷售人才》（*To Sell Is Human*）一書。如果你好奇為什麼從某方面來講我們都是銷售人員，可以參考Jim Holden或品克的書。

第 7 章：先別急著辭職，重新設計後再說！

1. www.gallupstrengthscenter.com.（此一評估測試要付費，我們並未因為在文中提及或分享連結而獲利。）

2. https://www.gallup.com/cliftonstrengths/en/253790/science-of-cliftonstrengths.aspx.

第 8 章：好聚好散

1. https://qz.com/955079/research-proves-its-easier-to-get-a-job-when-you-already-have-a-job/。本結論的原始資料取自：Liberty Street Economics https://libertystreeteconomics.newyorkfed.org/2017/04/how-do-people-find-jobs.html。

2. 據說（可能只是傳說）出處是英國軍官羅伯特・貝登堡（Robert Baden-Powell）。全球的男女童軍運動始於一九一〇年左右，貝登堡是創始人。

第 10 章：自己當老闆

1. 請見：《做自己的生命設計師》第四章「心智圖」一節。

2. uxmastery.com/how-to-create-a-customer-journey-map.

3. www.linkedin.com/pulse/mckinsey-study-concludes-automation-physical-knowledge-saf-stern/?articleId=6085882246508658688.

終章：你可以快樂

1. 各位如果讀過我們第一本書《做自己的生命設計師》——書中提到的範例主角，今日依舊過著美好的生活，跟大家報告一下其中幾位的近況……

　　石頭迷艾倫今日仍舊在同一間公司，仍舊喜愛石頭，但連升三級，管理著規模相當大的團隊。「我想不到自己五年後還在同一家公司，但我不斷想辦法讓這份工作變有趣，並學習新的事物。」此外，我們的朋友提姆，那位過著生活相當一致的大師，設計帶來的收入，剛好能提供他足夠的保障和美好的家庭生活，但也讓他挪出充裕的空間和資源給最主要的興趣：音樂與調製雞尾酒。提姆在公司當了二十多年人人求教的前輩後，一下子被裁員，他一時間不知所措，這情有可原，但也立刻動員人脈，開始和人們聊，最後前同事打電話過去，透露她的公司有某個沒對外公布的職缺。提姆拿到那份工作，重新建立他熟悉的穩定生活形態與工作風格。「我一直到最後一刻才知道自己被炒魷魚，但結果是升職又加薪。我最後還是替自己設計了出路。」

做自己的工作設計師：史丹佛經典生涯規畫課 --「做自
己的生命設計師」. 職場實戰篇 / 比爾・柏內特（Bill
Burnett），戴夫・埃文斯（Dave Evans）著；許恬寧譯.
-- 初版. -- 臺北市：大塊文化出版股份有限公司, 2021.05
312面 ; 14.8×20公分. --（smile ; 172）
譯自：Designing your work life : how to thrive and change
　　　 and find happiness at work
ISBN 978-986-5549-81-7（平裝）

1. 職場成功法　2. 生涯規劃

494.35　　　　　　　　　　　　　　　110004985

LOCUS

LOCUS

LOCUS ·

LOCUS